湖泊水环境保护知识问答

HUPO SHUIHUANJING BAOHU ZHISHI WENDA

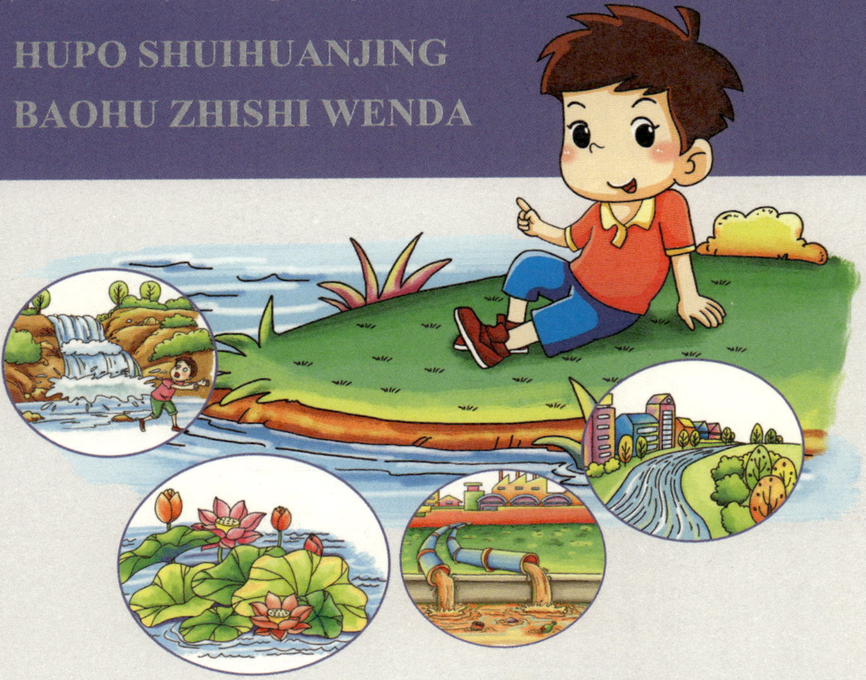

环境保护部科技标准司
中国环境科学学会 主编

中国环境出版社·北京

图书在版编目（CIP）数据

湖泊水环境保护知识问答 / 环境保护部科技标准司，中国环境科学学会主编．— 北京 ：中国环境出版社，2015.5

（环保科普丛书）

ISBN 978-7-5111-2371-8

Ⅰ．①湖… Ⅱ．①环… ②中… Ⅲ．①湖泊－水环境－环境保护－问题解答 Ⅳ．① X524-44

中国版本图书馆 CIP 数据核字（2015）第 080674 号

出 版 人 王新程
责任编辑 沈 建 刘 杨
责任校对 尹 芳
装帧设计 金 喆

出版发行 中国环境出版社
（100062 北京市东城区广渠门内大街 16 号）
网　　址：http://www.cesp.com.cn
电子邮箱：bjgl@cesp.com.cn
联系电话：010-67112765（编辑管理部）
发行热线：010-67125803，010-67113405（传真）
印　　刷 北京中科印刷有限公司
经　　销 各地新华书店
版　　次 2015 年 5 月第 1 版
印　　次 2015 年 5 月第 1 次印刷
开　　本 880×1230 1/32
印　　张 4.75
字　　数 97 千字
定　　价 24.00 元

《环保科普丛书》编著委员会

顾　　问：吴晓青

主　　任：熊跃辉

副 主 任：刘志全　任官平

科学顾问：郝吉明　孟　伟　曲久辉　任南琪

主　　编：易　斌　张远航

副 主 编：陈永梅

编　　委：（按姓氏拼音排序）

鲍晓峰　曹保榆　柴发合　陈吉宁　陈　胜　高吉喜

顾行发　郭新彪　郝吉明　胡华龙　江桂斌　李广贺

李国刚　刘海波　刘志全　陆新元　孟　伟　潘自强

任官平　邵　敏　舒俭民　王灿发　王慧敏　王金南

王文兴　吴舜泽　吴振斌　夏　光　许振成　杨　军

杨　旭　杨朝飞　杨志峰　易　斌　于志刚　余　刚

禹　军　岳清瑞　曾庆轩　张远航　庄娱乐

《湖泊水环境保护知识问答》编委会

科学顾问：郑丙辉　郭怀成　尹澄清

主　　编：王圣瑞

副 主 编：李贵宝　张静蓉

编　　委：（按姓氏拼音排序）

陈永梅　董菲菲　郭怀成　储昭升　李贵宝

卢佳新　刘　永　沙永翠　苏国欢　王圣瑞

徐梦佳　徐　军　向　男　熊　鹰　杨　勇

伊　璇　张　敏　张静蓉　张　莉

编写单位：中国环境科学学会

中国环境科学学会水环境分会

中国环境科学研究院

北京大学环境科学与工程学院

中国科学院水生生物研究所

中国水利学会

环境保护部环境规划院

绘图单位：北京创星伟业科技有限公司

《环保科普丛书》序

我国正处于工业化中后期和城镇化加速发展的阶段，结构型、复合型、压缩型污染逐渐显现，发展中不平衡、不协调、不可持续的问题依然突出，环境保护面临诸多严峻挑战。环保是发展问题，也是重大的民生问题。喝上干净的水，呼吸上新鲜的空气，吃上放心的食品，在优美宜居的环境中生产生活，已成为人民群众享受社会发展和环境民生的基本要求。由于公众获取环保知识的渠道相对匮乏，加之片面性知识和观点的传播，导致了一些重大环境问题出现时，往往伴随着公众对事实真相的疑惑甚至误解，引起了不必要的社会矛盾。这既反映出公众环保意识的提高，同时也对我国环保科普工作提出了更高要求。

当前，是我国深入贯彻落实科学发展观、全面建成小康社会、加快经济发展方式转变、解决突出资源环境问题的重要战略机遇期。大力加强环保科普工作，提升公众科学素质，营造有利于环境保护的人文环境，增强公众获取和运用环境科技知识的能力，把保护环境的意识转化为自觉行动，是环境保护优化经济发展的必然要求，对于推进生态文明建设，积极探索环保新道路，实现环境保护目标具有重要意义。

国务院《全民科学素质行动计划纲要》明确提出要大力提升公众的科学素质，为保障和改善民生、促进经济长期平稳快速发展和社会和谐提供重要基础支撑，其中在实施科普资源开发与共享工程方面，要求我们要繁荣科普创作，推出更多思想性、群众性、艺术性、观赏性相统一，人民群众喜闻乐见的优秀科普作品。

环境保护部科技标准司组织编撰的《环保科普丛书》正是基于这样的时机和需求推出的。丛书覆盖了同人民群众生活与健康息息相关的水、气、声、固废、辐射等环境保护重点领域，以通俗易懂的语言，配以大量故事化、生活化的插图，使整套丛书集科学性、通俗性、趣味性、艺术性于一体，准确生动、深入浅出地向公众传播环保科普知识，可提高公众的环保意识和科学素质水平，激发公众参与环境保护的热情。

我们一直强调科技工作包括创新科学技术和普及科学技术这两个相辅相成的重要方面，科技成果只有为全社会所掌握、所应用，才能发挥出推动社会发展进步的最大力量和最大效用。我们一直呼吁广大科技工作者大力普及科学技术知识，积极为提高全民科学素质作出贡献。现在，我欣喜地看到，广大科技工作者正积极投身到环保科普创作工作中来，以严谨的精神和积极的态度开展科普创作，打造精品环保科普系列图书。我衷心希望我国的环保科普创作不断取得更大成绩。

吴晓青

中华人民共和国环境保护部副部长

二〇一二年七月

前言

湖泊是地球上重要的生态系统，是人类赖以生存和可持续发展的自然依托。在数千年的人类文明演进中，具有独特功能的湖泊是维系人与自然和谐发展的重要纽带。然而，随着工业化和城镇化的不断发展，人类活动对湖泊的影响日益加剧，水体污染、富营养化、水资源短缺、湖泊萎缩以及生态功能退化等湖泊环境问题进一步凸显，直接影响到人类的生产生活，危及生态环境安全，引起了国际社会的普遍关注。

事实证明，湖泊一旦污染，治理成本巨大，甚至不可逆转，先污染后治理的代价是极其昂贵的。从2001年起，中央和地方政府共投入910亿元资金，用于三河（辽河、海河、淮河）、三湖（太湖、巢湖、滇池）流域的8 000多个水污染防治项目建设。湖泊污染防治还是一项复杂的系统工程，需要全方位防范、全面治理、全民参与。在管理方法上，涉及多个地区和多个部门，必须构建上下游相互协调、各部门密切协作，形成治污合力；在治理技术上，必须综合运用工程、技术和生态方法，加大治理力度；在治理手段上，必须充分运用法律、经济和必要的行政手段，既要形成严格排放合理开发的强大压力，又要形成主动治理水环境的积极动力。

本书正是基于普及湖泊保护科学知识，传播湖泊保护理念编写，力求用图文并茂、浅显易懂的形式为公众了解、学习和参与湖泊保护提供一个有效途径。

在本书的编写过程中，中国环境科学研究院、中国环境科学学会水环境分会、北京大学环境科学与工程学院、中国水利学会、中国科学院水生生物研究所、环境保护部环境规划院、中国科学院南京地理与湖泊研究所、中国科学院生态环境研究中心委派专家参与了编写工作，在此一并感谢！

由于水平有限和时间仓促，书中缺点错误在所难免，敬请读者指正。

编者

二〇一四年六月

目录

第一部分 基础知识 1

第二部分 湖泊污染及危害 33

第三部分 湖泊污染 65

防治措施与方法

第一部分　基础知识

DIYIBUFEN JICHU ZHISHI

1. 什么是湖泊?

湖泊的汉语定义为：湖泊为湖的总称，湖是泊，泊也是湖。湖与泊共为陆地水域，但湖指水面有芦苇等水草的水域，泊指水面无芦苇等水草的水域。湖泊两字按汉语释义，“湖”字从水从胡。“胡”字从古从肉，本义为“远古之人体毛浓密”，引申义为“外国人（胡人）”“大胡子”。“水”与“胡”联合起来表示“水面长满了像胡须一样的水生植物”。“泊”字从水从白。“白”本义为“虚空”“空无一物”。“水”与“白”联合起来表示“水面空无一物”。按《说文》对“湖”字的解说可知，古人对“湖”是利用它来灌溉农田。从汉语“泊船”“泊位”“停泊”等词汇来看，可知古人对“泊”是利用它来航运。现代地质学定义：湖泊为陆地上洼地积水形成的、水域比较宽广、水流缓慢的水体。在湖泊地壳构造运动、冰川作用、河流冲淤等地质作用下，地表形成许多凹地，积水成湖。露天采矿场凹地积水和拦河筑坝等形成的水库也属湖泊之列，称人工湖。湖泊因其水流异常缓慢而不同于河流，又因与大洋不发生直接联系而不同于海。在流域自然地理条件影响下，湖泊的湖盆、湖水和水中生物相互作用，相互制约，使湖泊不断演变。

湖泊称呼不一，多用方言称谓。中国习惯用的陂、泽、池、海、泡、荡、淀、泊、错和诺尔（淖尔）等都是湖泊之别称。

2. 湖泊是如何分类的?

湖泊的基本属性要素有3个，即湖盆、水体与水生生物。它们的不同排列构成了湖泊分类体系。湖泊按照基本要素的排列可有如下分类。

（1）以湖盆开、闭相对关系划分，湖泊可分为闭流湖和出流湖。地表径流量等于零的湖泊称为闭流湖；反之称为出流湖。

（2）以含盐量高低划分，湖泊可分为淡水湖（湖水矿化度≤1 g/L）、咸水湖（湖水矿化度 <35 g/L）和盐湖（湖水矿化度≥ 35 g/L）。

（3）以面积大小划分，湖泊可分为特大型湖泊（湖泊面积 > 1 000km^2）、大型湖泊（湖泊面积 500 ～ 1 000 km^2）、中型湖泊（湖泊面积 100 ～ 500km^2）和小型湖泊（湖泊面积 <100km^2）。

此外，根据湖泊起源，可分为海源湖与陆源湖；根据湖泊形成方式，可分为堰塞湖与凹陷湖；根据湖水深浅，可分为深水湖和浅水湖；

根据营养状态分，可分为贫营养湖、中营养湖、富营养湖；按水生植物优势种分，可分为草型湖泊和藻型湖泊；根据湖泊与海洋的关系，可分为外流湖与内流湖；根据湖泊与河流的相互关系，可分为河口湖、河源湖与连河湖；根据湖水水量变化，可分为常年湖与时令湖；根据湖水的热状况及水温变化，可分为暖湖、冷湖与混合型湖等。

3. 湖泊是如何演替的？

湖泊不是一成不变静止的，它是在自然界中不断进行物质与能量循环的动态综合体。从湖泊形成到成熟直至消亡的演化过程中，地质、地理、化学、生物作用相互影响与依存，表现出明显的区域特色。

湖泊一旦形成，就受到外部自然因素和内部各种过程的持续作用而不断演变。入湖河流携带的大量泥沙和生物残骸年复一年在湖内沉积，湖盆逐渐淤浅，变成陆地，或随着沿岸带水生植物的发展，逐渐变成沼泽；干燥气候条件下的内陆湖由于气候变化，冰雪融水减少，地下水水位下降等，补给水量不足以补偿蒸发损耗，往往引起湖面退缩干涸，或盐类物质在湖盆内积聚浓缩，湖水日益盐化，最终变成干盐湖。

人类活动的不断加强，特别是围湖造田、水土流失和调水引流等，对湖泊演化的影响越来越大。气候干冷时，农业生产受到严重的影响，人们必须设法扩大耕地面积以补充农产品产量上的减少。同时由于气候的干旱使湖泊水面缩小，湖滩露出水面，成为新增土地的主要对象。而大规模的围垦又加速了湖泊的萎缩乃至消亡。反之，在气候湿润时期，丰沛的降雨又迫使人们为了减少洪涝灾害，增加蓄水行洪面积，不得不退田还湖，扩大湖泊面积。随着经济发展，对灌溉、工业、生活用水的需求猛增，导致湖泊水位下降、水质咸化（如新疆博斯腾湖、艾比湖等），甚至导致干涸消失（如罗布泊、居延海等），在西北干旱区尤为明显。另外由于人类活动使流域植被破坏，引起严重的水土流失，大量泥沙带入湖泊，使湖泊淤泥萎缩，甚至消失。

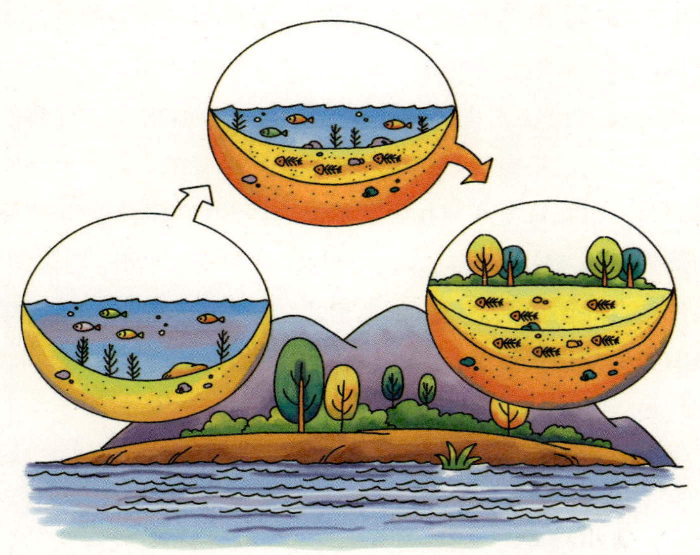

此外，由于地壳升降运动，气候变迁和形成湖泊的其他因素的变化，湖泊会经历缩小和扩大的反复过程，不论湖泊的自然演变通过哪种方式，结果终将消亡。

4. 湖泊水生态系统有哪些稳定状态?

浅水湖泊有两种稳定状态：一种是清水稳态，湖泊沉水植物覆盖度高，水质清澈；另一种是浊水稳态，沉水植物覆盖度低甚至消失，浮游植物占优势，水质混浊甚至夏季有蓝藻水华暴发。两种类型都是相对稳定的，符合生态系统抵抗变化和保持平衡状态的稳态特性。

在一定的营养水平下，沉水植物的有无决定稳态类型。当清水稳态向浊水稳态转换时，营养盐浓度由低增高，到临界浓度点时，水中浊度增加，沉水植物迅速减少，该临界点为灾变点；当浊水稳态向清水稳态转换时，营养盐浓度由高降低，到临界浓度点时，浮游植物浓度降低，沉水植物开始增加，该临界点为恢复点。

无论是沉水植物占优势的清水稳态还是浮游植物占优势的浊水稳态都具有一定的稳定性，对于环境干扰所带来的影响和破坏都有一种自我调节、自我修复和自我延续的能力。两种稳态都可以忍受一定程度的外界压力，并通过自我调节机制恢复其相对平衡，超出该限度，生态系统的自我调控机制就降低或消失，稳态遭到破坏，这种限度被称作稳态阈值或稳态极限，当超过稳态阈值或稳态极限，湖泊则会发生稳态转换。

5. 湖泊与水库有何异同?

湖泊泛指陆域环境上相对低洼地区所蓄积出一定规模而不与海洋发生直接联系的自然水体。它虽是由湖岸、湖盆、湖水及水中所含的各种物质（矿物质、溶解质、有机质及水生物等）所组合，自成一格的静水型生态体系，却持续参与周边更大尺度自然环境中物质与能量的循环。

水库则是在河流水系基础上，通过人工方式构筑，具有给水、防洪、发电、灌溉、观光游憩等功能的水体。水库是一种半人工半自然的水体类型。水库水量受人为调节，输出水流的位置有多种选择。因防洪和调蓄的影响，水库水位波动较大，水体表现出强烈的不稳定性。

在生物多样性上，水库远低于天然湖泊。水库通常修建于河流域的上游，库形狭长，沿河道方向上有明显的坡度，较湖泊有更大的集水区。水库作为一种特殊的生态系统类型，具有河流与湖泊的混合合特性。水库与湖泊在水动力过程、营养盐循环和生态系统结构演变等影响水质的关键过程方面存在明显的差别。

6. 湖泊与河流是“兄弟关系”吗?

从水往低处流的通俗道理很容易理解湖泊和河流的关系，当河流水位高于湖泊水位时，水的运动方向是由河流到湖泊；而湖泊水位高于河流水位时，水的运动方向是由湖泊到河流。这就是河流与湖泊之间的相互补给关系。可以说，湖泊和河流的关系就像是“亲兄弟”的关系，一个缺少水时另一个就帮忙，不能你多我少。

此外，湖泊对河流水位具有一定的调节作用。洪水期，沿河的湖泊及水库会起到削减河流洪峰的作用。

湖泊的存在离不开河流，只有大量的河水不断地注入其中，湖泊才得以维系。但是河水又会带来大量的泥沙，在河流进入相对平静的湖中后，泥沙会沉积在湖底，年长日久，湖泊会越来越浅，随着水生植物的繁殖，湖泊就会演变为沼泽，甚至成为陆地。

7. 何为湖泊流域？

流域是指被分水岭包围的集水区域，并集生态、社会、经济于一体。它以分水岭为界线，以河流水系为集水中心，以物种、种群、群落、社会为要素互相依存而成为复杂的系统。湖泊流域是以湖泊为主要受纳水体的一种流域类型，即将湖泊水体及其汇水区作为一个整体来考虑，流域生态系统包含了湖泊生态体系。

湖泊及其流域是人类主要的生境所在，流域内的水土、环境、生物资源等在维系人类社会的生存与发展中发挥着不可替代的作用。同时，湖泊及其流域作为生物栖息地也为生物的繁衍及其多样性提供了保障。

在湖泊—流域生态系统管理中，湖泊是中心，流域是基础。其管理通常涉及综合管理、生态系统管理、适应性管理、最佳管理措施等管理模式。

8. 四川“5·12”地震后新闻中提到的堰塞湖，是怎么回事？

堰塞湖是河道、凹地因种种原因堵塞后贮水所形成的湖泊。堵塞体称堰塞体。堰塞体实际上是一座天然水坝，堰塞湖实际上是一座水库。

堰塞湖的形成，通常是不稳定的地质状况所造成的，当堰塞体受到冲刷、侵蚀、溶解、崩塌等作用，堰塞湖便会出现“溢坝”，最终会因为堰塞湖构体处于极差地质状况，演变“溃堤”而瞬间发生山洪暴发，对下游地区有着毁灭性破坏。大多数的堰塞湖会于形成后的数天内，原本的河川不断地注入储水，累积到足以溃堤的水量。

四川汶川大地震造成大面积的地貌改变，诱发了大量的次生山地灾害，主要有崩塌、滑坡、泥石流等，在这些进入活跃期的震后次生灾害中，崩塌滑坡的活跃期将持续 5 ～ 10 年，泥石流的活跃期将持续 10 ～ 20 年。此外，地震在汶川、北川及青川等区形成了 34 个堰塞湖，其中在湔江形成的由 2 000 多万 m^3 山体组成坝体，总容量在 3 亿 m^3 左右唐家山堰塞湖，是堰塞湖中最危险的一座。

9. 为什么有些湖水是咸的？

如果湖水能从另外的出口继续流出，盐分就会跟着流出去，如北美的五大湖和我国的洞庭湖，最终都流入了大海，所以它们都是淡水湖。但有些湖泊排水非常不便，而且气候干燥，蒸发消耗了很多水分，盐分便会越积越多，湖水也就越来越咸，便成了咸水湖，如我国的青海湖就是一个大型的咸水湖。也有部分咸水湖，地质年代里是海洋的一部分，后来海水退却了，在现今的湖泊洼地里保留了一部分海水，所以湖水里仍然保留较多的盐分。

湖泊中的水大多数来自河流和注入的地下水。河流和地下水在流动过程中，不断地溶解岩石和土壤中的盐分，当它们流入湖泊时，便把溶解的盐分也带入湖中。河湖相通的外流湖，水流畅通，湖水中所含盐分不会太高。相反，内陆湖湖水只有入口而没有出口，河流注入湖泊后，湖水不断蒸发，盐分不断积累，久而久之，湖水便越来越咸了。

10. 高原湖泊有何特点？

高原湖泊是对那些海拔相对较高湖泊的模糊定义，地质构造上多为构造湖，而且内流区的高原湖泊一般是该区域河流的终点，即内流湖。世界最大的高原湖泊群是青藏高原湖泊群。

我国的高原湖泊主要分布在蒙新高原地区、云贵高原地区和青藏高原地区。蒙新高原地区的湖泊地处内陆，气候干旱，降水稀少，地表径流补给不丰，蒸发强度较大，超过湖水的补给量，湖水因不断被浓缩而发育成咸水湖或盐湖。云贵高原地区的湖泊水深岸陡，入湖支流水系较多，而湖泊的出流水系普遍较少，湖泊换水周期长，自净能力较弱。年内干湿季节转换明显，湖泊水位随降水量的季节变化而变化；湖水清澈，全是吞吐型淡水湖，冬季也无冰情出现。青藏高原地区的湖泊是海拔最高的，以咸水湖和盐水湖为主。

11. 湖泊里面除了水，还有什么？

湖泊里面除有大量的水之外，还有易被人们忽视的水生生物和底泥。湖泊水生生物包括浮游藻类、浮游动物、底栖动物、水生高等植物和鱼类等五大类。

藻类属低等植物，浮游藻类是维持湖泊中一些动物和微生物食物的主要来源和基础。在湖泊中经常见到的“水华”就是蓝藻门中的一种，在我国多以微囊藻、鱼腥藻或束丝藻等大量繁殖而形成。浮游动物主要包括无脊椎动物的大部分门类。底栖动物是一个庞杂的生态类群，原生动物、多孔动物、腔肠动物、扁形动物、线形动物、担轮动物、拟软体动物、环节动物、节肢动物中都有生活于湖底的种类。水生高等植物主要包括有 4 种生活型：挺水、漂浮、浮叶和沉水。鱼类是湖泊中重要的水产资源，常见的鱼类有草鱼、鲫鱼等。

从上可见，湖泊里面藏着的东西真不少啊。其实有的湖泊里面还藏着矿产，如盐湖；再有湖泊里面藏着大量微生物，我们肉眼根本看不见。

12. 湖泊有哪些“脾气”？

湖水时而相对静止时而风浪大作，有些像小孩子的脾气，这是为什么呢？

湖水运动是湖泊重要物理特性之一，它直接关系到湖泊中物质、能量的输送与转换，以及湖泊与外界的物质和能量的交换与转移。因此，湖水运动是湖泊中一切物理变化的基本动力条件，也是引起湖泊环境变化的一个极其重要的力。

引起湖水运动的力主要有风力、水力梯度及造成水平或垂直密度梯度引起的力。湖面的风可将能量传给湖水，引起湖水运动；由水流进出湖泊可引起水力效应；湖水内部压力梯度及由水温、含沙量或溶解质浓度变化造成的密度梯度也能引起湖水运动。因此，湖泊流动是各种力相互作用的结果。

湖泊的湖流、风浪、风涌水和表面定振波等现象，统称之为湖泊水动力学特征。湖中波浪多是由湖面风引起的。风吹到平静的湖面上，首先使广阔的湖面产生波动和波纹，形成比较有规则、范围较小且向同一方向扩展的表面张力波。湖水运动形式取决于湖水分层结构，内部密度分布，作用力的性质、历时、周期性、空间分布、湖盆形态等因素。外力作用停止后，湖水运动受黏滞力与摩擦力作用和湖泊边界的阻碍而逐渐衰减，以至最后消失，这时候湖泊就到了相对安静的时候啦。

13. 常用的湖泊物理、化学指标有哪些？

湖泊水质即湖泊上覆水的物理、化学及其动态特征。

湖水的物理性质主要指湖水温度、颜色、透明度与水色、嗅和味等。

湖水的化学性质由溶解和分散于湖水中的气体、离子、分子，胶体物质及悬浮固体成分，微生物和这些物质的含量所决定，包括湖水的矿化度（钙、镁、钠、钾、氯离子，硫酸根离子，碳酸氢根和碳酸根）、pH、溶解氧、湖水溶解性气体与生物营养物质等。

14. 湖泊的水情有哪些特点？

我国外流湖泊水量补给部分主要是入湖地表径流量，损耗部分主要是出湖地表径流量，水量平衡特点是，出、入湖径流量接近，湖面降水量与蒸发量大致相当；外流湖大多为雨源型湖泊，其水位的年内变化明显受年降水量的控制。

我国内陆湖湖区通常降水稀少，蒸发旺盛，多以时令潮、尾闾或闭流湖形式出现；少数湖泊虽有河川排泄，但吞吐量不大，这类湖泊的水量平衡特点是，补给部分主要是湖面降水、冰雪融水径流、泉水或地下径流；损耗部分主要是湖面蒸发量；内陆湖的年内水位变化同样受入湖河川水情的影响，入湖径流量是构成湖泊水量总收入的重要部分，湖水以雨水和冰雪融水补给为主。

15. 湖泊有生命吗？

湖泊是有生命的。

湖泊是在自然界的内外应力长期互相作用下形成的，是陆地水圈的重要组成部分，与大气圈、岩石圈和生物圈有着密切的联系；而整个自然界又都处在永恒的、无休止的运动和变化中，各圈层互相作用的自然过程无不引起湖泊的变化。湖泊外部环境的变化，必将引起湖泊内部生态系统的变化，原有的生态平衡遭到破坏，最终必然导致湖泊生命的终结。所以说，相对于山、川、海洋而言，湖泊的生命要短暂得多。一般湖泊寿命只有几千年至万余年，它可以分为青年期、成年期、老年期和衰亡期。而人类的社会经济活动，大大地加速了湖泊的演化和消亡过程。如泸沽湖处于青年期、太湖处于成年期、洞庭湖处于老年期、罗布泊已消失。

16. 湖里的鱼虾和水草的生活习性有哪些？

湖里的鱼由于其种类不同，食物也不相同，大体可分为肉食性鱼类、植食性鱼类和杂食性鱼类。

肉食性鱼，一般以动物为摄食对象，如鲑鱼、乌鳢等；

植食性鱼，食物以浮游植物为主，如草鱼、鲤鱼、遮目鱼、梭鱼、蓝子鱼等；

杂食性鱼是指摄食两种以上性质不同的食物，有动物，也有植物，并兼食水底腐殖质，如斑鰶、叶鲹等。

虾主要以腐殖质为食。

水草是指生长在水中的草本植物，常见的包括挺水植物：芦苇、菖蒲等；漂浮植物：浮萍、水葫芦等；浮叶植物：睡莲、菱角等；沉水植物：金鱼藻、红线草等。水草为自养型植物，通过光合作用，将二氧化碳和水转化为有机物，供自身的生长繁殖所需；同时还可以通过根部或植物体吸收水体中的氮、磷等营养物质。

17. 湖岸边上长的芦苇有什么作用？

湖岸边上“个高”的挺水植物主要包括芦苇、菖蒲、香蒲等，其中，芦苇最为常见。芦苇是多年生草本植物，地下有匍匐的根茎，可以在适合的地区迅速铺展繁殖，一年可以平铺延伸 5m 以上，地上茎高达 2 ～ 6m，属风媒花，美洲亚种植株比较矮小。芦苇在污染控制和水体净化中有重要作用。

芦苇是保护湿地环境和野生动物的重要物种，许多鸟类栖息在芦苇丛中。芦苇秆含有纤维素，可以用来造纸和人造纤维。我国从古代就用芦苇编制“苇席”铺炕、盖房或搭建临时建筑。古代各国都有用芦苇的空茎制造的乐器——芦笛。芦苇穗可以做扫帚，花絮可以充填枕头。芦苇的根是一种中药——芦根，性寒，味甘，功能是清胃火、除肺热，主治热病烦渴、胃热呕吐、肺痈等症。

18. 什么是湖泊蓝藻水华？

水华又称藻华，是由水体中氮、磷含量过高导致藻类突然性过度增殖的一种自然现象，同时也是一种二次污染。水华涉及的藻类有蓝藻（即蓝细菌）、绿藻、硅藻等，通常水的颜色呈现出绿色或蓝色。由蓝藻引起的水华即为蓝藻水华，蓝藻水华多发生在夏季6—9月，有明显的季节性，受温度、阳光、营养物质的影响；温度在20℃以上、水体pH偏高、光照度强且水体静止的条件下，迅速繁殖，形成水华。

“水华”造成的最大危害是：饮用水水源受到威胁，藻类毒素通过食物链可影响人类健康，主要是蓝藻的次生代谢产物能损害肝脏，有致癌可能性；影响湖泊透明度，导致白天溶解氧过饱和，晚间缺氧，对水生生物造成威胁。

19. 什么是湖泊水环境？

水环境指相对稳定，且以陆地为边界的天然水域所涉及的空间范围。湖泊水环境通常指地表洼地积水形成水面宽阔的水体空间环境，由湖盆、湖水和水中所含各种物质（有机物、无机物）和生物体等共同组成。湖滨带是湖泊的重要组成部分，对湖泊的保护具有重要作用，一般来讲，湖泊水环境的范围可以扩展到湖滨带。

湖泊基本化学组分及含量是研究湖泊水环境元素迁移、形态转化和水质变化等的基本依据，其在一定程度上可反映湖泊的物理、化学及生物学性质。

20. 什么是湖泊水环境容量？

水环境容量是指在给定水域范围和水文条件下，规定排污方式和水质目标前提下，单位时间内该水域最大允许纳污量。

水环境容量包括3个要素：研究水域、水质目标和容许负荷量。不同水域、不同水质目标下，水域容许负荷量不同，所得水环境容量也不同。因而，水环境容量是水域环境规划的重要依据。根据所需的水质目标，尽可能准确地计算水环境容量，可以在很大程度上节约环境治理的人力、物力和财力。

湖泊水环境容量是指在一定环境目标下，湖泊所能容纳的某种污染物的最大允许负荷量，是与湖泊功能、流域发展、湖泊水文与水质等密切相关的重要水质管理参数。

21. 湖泊水环境容量与水环境承载力有何区别？

水环境承载力指的是在一定的水域，其水体能够被继续使用并仍保持良好生态系统状态时，所能够容纳污染物的最大能力。

水环境容量和水环境承载力都是表示水体性质的重要概念，其区别主要为以下3个方面：

（1）水环境承载力比环境容量具有更广泛的内涵，水环境承载力除了水体容纳污染物的能力之外，还包括对水资源开发利用的承受能力，以及对水生态系统变化的容忍限度等。

（2）水环境承载力用经济社会的尺度来表征水环境与人类经济活动的关系，它侧重于对发展的支撑能力；而水环境容量用水体的自然尺度衡量水环境与人类经济关系活动的关系，它侧重于对入湖污染物的接纳能力。水环境承载力采用的是经济社会的指标，而水环境容量采用的是自然结构的指标。

（3）水环境承载力是通过经济社会发展指标，直接表征经济社会发展的目标，对经济发展规划具有直接指导意义；而水环境容量是以对自然的研究为基础的，与技术进步、环境监测结合更紧密，对水环境与经济社会发展的关系是一种间接的反映，不能直接用于社会经济预测。

22. 地球上有多少湖泊？

地球上湖泊的总面积约 205.87 万 km^2，占全部大陆面积的 1.5%。湖泊总水量约 17.64 万 km^3，其中淡水贮量占 52%。地球上湖泊数量确切数字没有权威的统计，据统计，世界上大约有 3.07 亿个湖泊，这个数字包括所有天然湖泊，但不包含人造湖泊（如由水库形成的湖泊）。

北美洲是个多湖泊的大陆，淡水湖总面积约 40 万 km^2，居各洲首位。欧洲湖泊众多，小湖群较多，但分布很不均匀，主要分布在北部和阿尔卑斯山地区。欧洲湖泊多为冰川作用形成。如阿尔卑斯山麓分布着许多较大的冰碛湖和构造湖，山地河流多流经湖泊。

世界主要湖泊一览表

湖 泊	所在国家	面积 /km^2
里海	伊朗、俄罗斯、哈萨克斯坦、土库曼斯坦、阿塞拜疆	371 000
苏必利尔湖	加拿大、美国	82 260
咸海	哈萨克斯坦、乌兹别克斯坦	64 500
维多利亚湖	肯尼亚、坦桑尼亚、乌干达	62 940
休伦湖	加拿大、美国	59 580
密歇根湖	美国	58 020
坦噶尼喀湖	布隆迪、坦桑尼亚、扎伊尔、赞比亚	32 000
贝加尔湖	俄罗斯	31 500
大熊湖	加拿大	31 330
大奴湖	加拿大	28 570
乍得湖	喀麦隆、乍得、尼日尔、尼日利亚	10 360 ～ 25 900
伊利湖	加拿大、美国	25 710
温尼伯湖	加拿大	24 390
马拉维湖	马拉维、莫桑比克、坦桑尼亚	22 490
巴尔喀什湖	哈萨克斯坦	17 000 ～ 22 000
青海湖	中国	4 630
鄱阳湖	中国	3 960

摘自《中国资源科学百科全书》。

23. 我国的湖泊能数清吗？

我国湖泊的分布，大致以大兴安岭—阴山—贺兰山—祁连山—昆仑山—唐古拉山—冈底斯山一线为界。此线东南为外流湖区，以淡水湖为主，湖泊大多直接或间接与海洋相通，成为河流水系的组成部分，属吞吐性湖泊。此线西北为内流湖区，湖泊处于封闭或半封闭的内陆盆地，与海洋隔绝，为盆地水系的尾闾，以咸水湖或盐湖为主。

根据 2011 年调查结果，全国共有 1.0 km^2 以上的自然湖泊 2 693 个，分布在除海南、福建、广西、重庆、香港和澳门地区外的 28 个省（自治区、直辖市），总面积 81 414.6 km²，约占全国国土面积的 0.9%。近 30 年来，全国新生面积大于 1.0 km² 的湖泊 60 个，新发现面积大于 1.0 km² 的湖泊 131 个，原面积大于 1.0 km² 的湖泊消失 243 个。

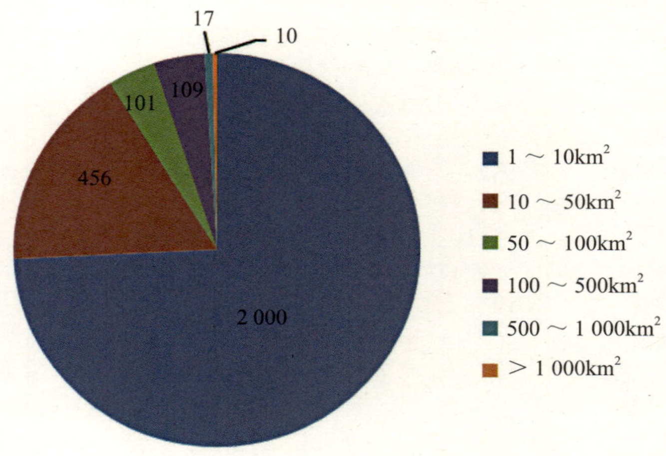

我国面积＞ 1km² 的湖泊数量

24. 我国拥有湖泊最多的是哪个省份？

我国拥有湖泊数量最多的省份是西藏自治区。据统计，大于 1 000 km² 的湖有 2 个，大于 500 km² 小于 1 000 km² 的湖有 5 个，大于 100 km² 小于 500 km² 的湖有 50 个，大于 50 km² 小于 100 km² 的湖有 57 个，大于 10 km² 小于 50 km² 的湖有 185 个，大于 1 km² 小于 10 km² 的湖有 534 个，总计大于 1 km² 的湖有 833 个，总面积合计 28 616.9 km²，数量和面积均居于全国之首。

青藏高原是我国湖泊分布最多的地区，该区域湖泊成因类型复杂多样，多发育于山间盆地或巨型谷地之中。由于四周高山阻隔，湖泊深居高原腹地，以内陆湖为主，湖泊多是内陆河流的尾闾和汇水中心。纳木错、色林错、玛旁雍错和班公错等大中型湖泊为构造湖，其与纬经向构造带相吻合，湖盆陡峭，湖水较深。仅有部分小型湖泊分布在崇山峻岭的峡谷区，属冰川湖或堰塞湖类型。

25. 我国哪个流域拥有的湖泊最多？

长江流域拥有的湖泊数最多。

长江是我国第一、世界第三大河流。长江源头地区是我国咸水湖和盐湖的集中分布区之一，长江中下游平原是我国淡水湖泊分布最为密集的核心区，沿江两岸湖泊星罗棋布。它涵盖了我国两大稠密湖群区的主体部分，即青藏高原湖群区和东部平原湖群区。

我国目前面积大于 10 km^2 的淡水湖泊 210 个，分布在长江中下游地区的就达 132 个，占 63%。其中著名的五大淡水湖，即鄱阳湖、洞庭湖、太湖、洪泽湖、巢湖均位居该流域，总面积达 10 323 km^2，约占我国淡水湖泊总面积的 37.2%。长江流域特殊的地貌背景和丰富的水资源条件，使沿江两岸发育了大量的湖泊湿地。

26. 谁是我国湖泊的“老大”？

青海湖是我国最大的内陆咸水湖，位于青海省东北部，是一个四周群山环绕的封闭式内陆湖泊，湖泊水面东西长约 106 km，南北宽 63 km，平均水深为 17.17 m，水面面积约 4 200 km^2，湖泊储水量

715.93×10^8 m³。湖区多年平均降水量为 270 ～ 420 mm，年蒸发量 1 300 ～ 2 000 mm。青海湖流域面积 3.12×10^4 km²，直接流入青海湖的河流有 50 余条，其中较大的河流有布哈河、泉吉河、伊克乌兰河、哈尔盖河、黑马河，其多年平均径流量 13.39×10^8 m³，占青海湖流域地表径流量的 83%左右。

青海湖中的海心山和鸟岛都是游览胜地。海心山又称龙驹岛，面积约 1km²。岛上岩石嶙峋，景色旖旎，以产龙驹而闻名。鸟岛位于青海湖西部，在流注湖内的第一大河布哈河附近，它的面积只有 0.5 km²，春夏季节栖息着 10 万多只候鸟。青海湖国家级自然保护区保护着 189 种鸟类、41 种兽类和 5 种两栖爬行类动物，其中，国家一级保护动物 8 种，二级保护动物 29 种，属于《濒危野生动植物物种国际贸易公约》保护的 38 种；属于中日保护候鸟协定保护的 50 种，属于中澳保护候鸟协定保护的 24 种。

27. 我国五大淡水湖分布在哪里？

我国的淡水湖主要分布在长江中下游平原、淮河中下游和山东南部，这一地带的湖泊面积约占全国湖泊总面积的 1/3。我国五大淡水湖都分布在这一地区。

鄱阳湖位于江西省北部、长江的南岸，是我国第一大淡水湖。在洪水位 21.69 m 时，面积 2 933 km²。湖水主要依赖地表径流和湖面降水补给，主要入湖河流有赣江、抚河、信江、饶河、修水等。

洞庭湖位于湖南省北部的长江中游以南，为我国第二大淡水湖。水位 33.0 m 时，面积 2 432.5 km²。主要入湖河流有湘江、资水、沅水、澧水。洞庭湖由东、西、南洞庭湖和大通湖四个较大的湖泊组成。

太湖位于江苏和浙江两省交界处，长江三角洲的南部，核心湖区属江苏省，是我国东部近海地区最大的湖泊，是我国的第三大淡水湖。水位 3.14 m 时，面积 2 425 km^2。

洪泽湖位于江苏省洪泽县西部淮河中游的冲积平原上，是我国第四大淡水湖。水位 12.37 m 时，面积 1 577 km^2。流入洪泽湖的河流有淮河、濉河、汴河和安河等。

巢湖位于安徽省合肥市，是我国第五大淡水湖。水位 8.37 m 时，面积 770.0 km^2。

28. 我国咸水湖主要分布在哪里？

我国的咸水湖主要分布在西部地区，且在数量上远多于淡水湖，约占全国湖泊总面积的 55%。其中盐湖 133 个，其面积和储水量分别占总量的13%和8%，主要分布在青藏高原、蒙新高原区。干盐湖44个，面积占11%，主要分布在蒙新高原区。

排名前5位的咸水湖依次是：青海省的青海湖，总面积约4 200 km²；西藏的纳木错，总面积1 961.5 km²；西藏的色林错，总面积1 628 km²；新疆的乌伦古湖（布伦托海），总面积753 km²；以及西藏的羊卓雍错，总面积638 km²。

29. 我国湖泊主要有哪些环境问题？

我国湖泊环境问题比较突出，其中，水污染与富营养化问题严重，在收集的近10多年水质监测资料的基础上，对我国67个主要湖泊的水质和富营养化污染状况进行了评价，大约有80%以上的湖泊受到不同程度的污染，表明当前我国湖泊水污染问题仍然十分严峻。

湖泊萎缩与干涸，水面积锐减也是我国重要的环境问题之一。

据文献记载，自1908年后的95年中，青海湖水位下降了约13 m，湖面面积缩减了700多km^2；号称“千湖之省”的湖北省，在20世纪50年代末统计有湖泊1 066个，至80年代初只剩约309个，目前面积大于1 km^2湖泊仅剩181个，大于10 km^2的湖泊仅剩44个。

同时，我国湖泊还面临水生态系统退化，生物多样性受损等环境问题。20世纪80年代以后，由于湖区工业发展和城镇人口数量增加。大量耗氧物质、营养物质和有毒物质排入湖体，使水体富营养化，湖泊的自净能力下降，导致湖体内溶解氧不断下降，透明度降低，水色发暗，原有的水生植被群落因缺氧和得不到光照而成片死亡，水体中其他水生动物、底栖生物的种类也随之减少，生物量降低，取而代之的是浮游植物（藻类）大量生长，最终形成以藻类为主体的富营养型生态系统。

30. 湖泊在自然环境中的作用有哪些？

湖泊作为陆地水圈的组成部分，参与自然界的水分循环。湖泊对气候的波动变化极为敏感，同时又是流域陆源物质的储存库，具有较高的沉积速率，能真实地记录湖区在较长的地质历史时期各种气候和其他环境变化的信息。湖泊保存的沉积的连续剖面完整性，使它成为揭示湖区古气候和环境变化的指示器。

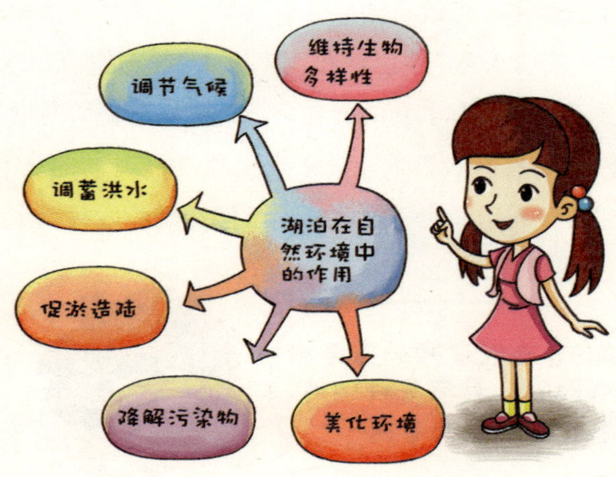

从生态学的角度而言，湖泊本身也是一个完整的生态系统。它由湖泊中的生物和以水为主体的环境（非生物）两大亚系统所组成，且彼此不可分割、相互有机联系和相互作用。湖泊具有净化水质，减少环境污染的作用，当水体进入湖泊时因水生植物的阻挡作用，缓慢的水体有利于沉积物的沉积，从而有助于与沉积物结合在一起的污染物储存、转化。同时，湖泊还能维持生物多样性，在调节气候，控制土壤侵蚀、调蓄洪水、促淤造陆、降解污染物、美化环境等方面发挥着重要作用。

31. 湖泊在国民经济发展中有何作用?

湖泊同河流、森林、土壤一样，是自然资源的重要组成部分，具有多种功能，是重要的国土资源。

湖泊能调节河川径流，防洪减灾；

湖水可沟通航运，或用于工农业生产和饮用水水源；

湖泊还能繁衍水生动物、植物，发展水产；

湖泊水体的存在，可改善湖区生态环境，提高环境质量；

有的湖泊，山清水秀，景色宜人，是人们向往的旅游和疗养圣地；

众多盐湖不仅赋存有丰富的食盐、天然碱、芒硝等普通盐类，还蕴藏有硼、锂、铯等稀有和贵重盐类矿产资源，所以，湖泊是天然宝库，如能进行合理开发利用，对于国民经济发展无疑将发挥巨大作用。

第二部分
湖泊污染及危害

DIERBUFEN HUPO WURAN JI WEIHAI

32. 什么是水污染物？

水污染物是指使水质恶化的污染物质。水污染就是水中的盐分、各种有机物、无机物或放射性物质等超出临界值，使水体的物理、化学性质或生物群落组成发生变化。

水污染物大体可分为三大类：①物理型污染物，主要影响水体的颜色、浊度、温度、悬浮物含量和放射性水平等；②化学型污染物，主要指排入水体的各种化学物质，包括无机无毒物质（酸、碱、无机盐类等）、无机有毒物质（重金属、氰化物、氟化物等）、耗氧有机物及有机有毒物质（酚类化合物、有机农药、多环芳烃、多氯联苯等）；③生物型污染物，主要包括污水排放中的细菌、病毒、原生动物、寄生蠕虫及大量繁殖的藻类等。

水污染物会改变水体质量，使水质恶化，不再适合鱼类等水生生物生长，并危害人类健康。很多水体含有一定的污染物，直接饮用会引发疾病。

33. 湖泊也会“生病”吗？

作为“生命体”，湖泊也会“生病”。湖泊“生病”不仅会影响湖泊本身，同时还会对湖中的生物（如鱼类）造成危害，对我们的生活生产环境也会造成影响，严重的甚至会危及我们人类自身的健康。湖泊“生病”的表现往往是湖泊水质污染、水体富营养化、湖泊面积萎缩或者湖泊水量减少等。

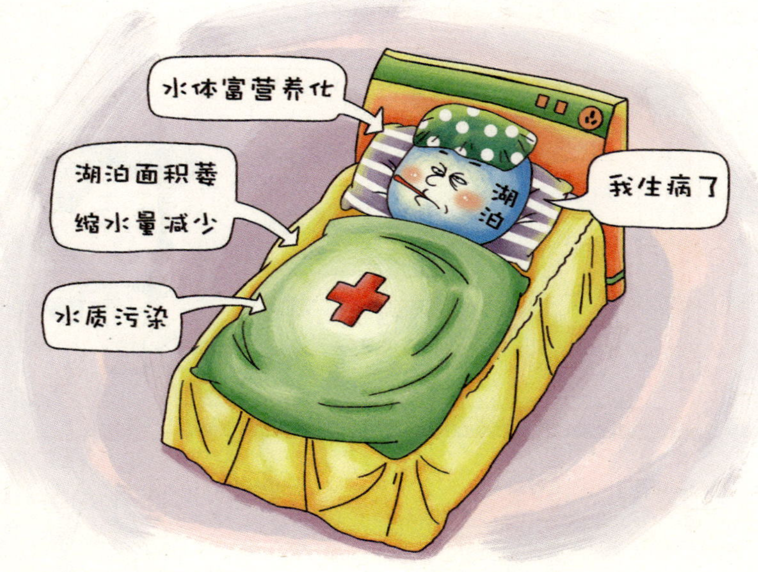

一般来说，使湖泊“生病”的“罪魁祸首”往往是人类。例如，人类将工业废水和生活污水大量排入湖泊，导致湖泊的水质恶化，严重者甚至会使湖水变成黑色，并产生恶臭等，湖泊中的鱼类等生物也会死亡；由于过量地使用化肥，部分化肥被雨水淋溶到湖内，增加湖水中氮、磷等营养盐含量，造成水体富营养化；人类过度使用和开发湖泊会使得湖泊面积萎缩、水量减少，如洞庭湖就是由于围湖造田，面积从原本的 6 000 多 km^2 萎缩到 2 600 多 km^2，严重影响了当地的环境和生态安全。

总的来说，目前我国绝大多数湖泊都存在大大小小的毛病，为了我们的未来，湖泊的治理和保护工作非常重要！

34. 湖泊污染有哪些类型？

湖泊污染的主要类型有富营养化污染、重金属污染和持久性有机污染物污染等。

富营养化污染是我国大多数湖泊面临的首要问题。当湖泊内藻类生长所需的营养物质（主要是氮和磷）过多时，藻类会迅速繁殖，大量消耗水中的氧，导致鱼类和其他水生生物因缺氧而死亡，同时水面上的藻类遮蔽阳光，使水底植物因光合作用受阻死亡，腐败后放出氮、磷等营养物质，供藻类利用。这样日积月累，湖体内不断进行着恶性循环，最终藻类泛滥成灾，水质恶化腥臭，湖泊生态平衡被破坏。

相比于富营养化污染，重金属污染和持久性有机污染物污染虽不易被直观察觉，但由于这两类污染物具有难降解、高毒性、可在生物体内蓄积等特征，其对人体健康的危害远高于富营养化污染。重金属和持久性有机污染物主要存在于湖泊底泥中，通过生物吸收进入食物链，最终进入人体。当重金属在生物体内积聚到一定量后会严重危害人体健康，如铜污染会导致坏死性肝炎、溶血性贫血等症状；铅污染会影响神经系统、血液和心血管系统；砷污染会引起中枢神经系统发生紊乱，并有致癌的可能等。持久性有机污染物对人体的危害更大，不仅具有高致癌性，还会严重损害生殖系统、内分泌系统和免疫系统。

35. 湖泊污染物源自何方？

湖泊污染物的来源分为外源和内源，外源又包括点源和面源。点源污染是指有固定排放点的污染源，如工业废水及城镇生活污水，由排放口集中汇入江河湖泊。

面源污染是指溶解性和颗粒性的污染物从非特定地点，在降水或融雪的冲刷作用下，通过径流过程而汇入受纳水体（包括河流、湖泊、水库和海湾等）而引起有机污染、水体富营养化或有毒有害等其他形式的污染。面源污染可分为城市面源污染和农业面源污染两大类。

（1）农业面源污染是指在农业生产活动中，农田中的泥沙、营养盐、农药及其他污染物，在降水或灌溉过程中，通过农田地表径流、壤中流、农田排水和地下渗漏，进入水体而形成的面源污染。这些污染物主要来源于农田施肥、农药、畜禽及水产养殖和农村居民生活等。

农药污染

（2）城市面源污染是指在一定的降水条件下，径流冲刷城市地表，使污染物汇入受纳水体，进而引起水体污染。

所谓内源，是指沉积在湖泊底泥中的营养盐、重金属等污染物在适当的条件下再次进入水中，造成水体的二次污染。当湖泊的外源得到控制后，内源即成为水污染的主导因子，并且可以在很长一段时间内维持湖泊的水污染状态。

36. 为什么有的湖泊清澈，有的却不清澈？

晴朗的天气，抬眼望去，天空万里无云，视野非常开阔。对于湖泊，同样存在一个我们能看得多深的问题。我们常说湖泊清澈与否，就是通过可以看到水中多深处来衡量的，在国家标准中用透明度（简写 SD）指标来表示。

有些湖泊湖水中杂质较少，因此看上去清澈。但是，还有许多湖泊并不是很清澈，这往往是因为水体中的浮游植物、悬浮物或可溶

性污染物含量较高，导致透明度下降，使湖泊变得不清澈，影响到湖泊的景观和水体的水质。除此以外，有时候湖泊含有大量氮、磷等营养盐，使得水体富营养化，这会使藻类（主要是蓝藻）大量繁殖，湖泊看上去好像染上了“绿油漆”，有时候还会有很多藻类和浮游植物聚集在湖泊表面形成浮沫，阻碍光线射入湖中，这时候只能看到表面绿色的藻类，湖泊也是不清澈的！

37. 为什么有的湖泊是绿色的？

外出游玩，常会看到有的湖泊是绿色的，这是为什么呢？我们知道，太阳光由红、橙、黄、绿、青、蓝、紫七种颜色的光组成的。当阳光照射到湖面上，红光、橙光等会被湖水里的生物大量吸收，而蓝光、紫光等也会被湖水和湖中的藻类等吸收。由于有些湖泊的表层聚集着大量的绿色藻类，会吸收蓝紫光，使湖泊呈现绿色。但是，根据发生水华的藻的种类不同，湖泊会出现不同的奇异颜色。比如发生微囊藻水华的湖泊呈现出黄绿色或者蓝绿色；发生隐藻水华的湖泊则呈现红褐色、褐绿色；金藻水华湖泊看上去呈金褐色；而在塞内加尔更是有一种可以生活在高盐分水体中的藻类，这种藻类会使湖泊呈现出奇异的粉红色。这就是湖泊这位“大魔术师”的魔力！

当然也有些湖泊湖水非常清澈，即使表层的藻类并不多，但它们也会呈现绿色或青色，比如青藏高原上的很多湖泊为青绿色，云贵高原的抚仙湖为青绿色，这是由于湖水中溶解的一些矿物质所致。此外，湖水的颜色也会受到水深的影响，只有深度超过 5m 时，才有可能吸收到其他颜色的光，从而显示出蓝色或者绿色。

38. 湖泊需要氧气吗？

湖泊是需要氧气的，湖泊中生活的动物和植物都需要从水中获取氧气来供它们呼吸。存在于湖泊中的氧气叫作溶解氧（英文简写DO）。溶解氧指的是由空气里的氧气及绿色水生植物的光合作用产生的氧气溶解于水中的那部分氧气。

湖泊水体污染会造成溶解氧的降低，这是因为污染物需要利用溶解氧来使其自身分解。当水中溶解氧含量降到 5mg/L 时，一些鱼类就会呼吸困难。当污染严重到湖泊水体中的溶解氧不足以分解这些污染物时，水中的厌氧菌就会很快繁殖，污染物就会腐败变质而使水体变黑、发臭。因此，溶解氧是判断水体自净能力的指标之一。水中溶解氧被消耗后，恢复到初始状态所需的时间越短，说明该水体的自净能力越强或者说水体污染不严重，否则说明水体自净能力弱或污染严重。

39. 什么是湖泊富营养化？

富营养化是湖泊、水库、河口、海湾等缓流水体中氮、磷等营养物质的含量超过一定的界限，在光照和水温又比较合适的条件下，引起藻类以及其他水生物异常繁殖，水体的透明度和溶解氧大大降低，水质恶化的现象。

湖泊富营养化可划分为4种类型：贫营养型、中营养型、富营养型、重富营养型。湖泊富营养化的特征是水体中的氮、磷营养性物质超过一定的界限，水质变“肥”，水中蓝藻和绿藻大量繁殖，浮游植物个体数剧增，水中的悬浮物量（浮游生物、细菌）增加，形成“水华”，发出恶臭，水体pH上升，深层溶解氧降低，鱼类死亡等。

与发达国家相比，我国湖泊的富营养化具有明显特征，表现在：①湖泊水体中氮、磷浓度普遍较高，有时甚至出现异常营养，湖泊初级生产力反而受到抑制，产量不高；②水体透明度与叶绿素的相关关系在相当一部分湖泊中不甚明显；③湖泊氮、磷负荷大，底泥中的氮、磷对湖泊富营养化有着十分重要的作用。

水体富营养化的危害十分严重，它能使水体变臭；降低透明度，阳光难以进入水层，影响水生植物光合作用；溶解氧浓度降低，影响水生生物的生存；降低供水质量并增加制水成本，直接威胁着饮用水的安全。

太湖蓝藻卫星监测图像

滇池富营养化

40. 评价湖泊营养状态的主要指标有哪些？

一般来说，国内外常常按湖泊的营养状态将湖泊分为贫营养湖、中营养湖和富营养湖。贫营养湖是湖中营养物质含量低、生物区系贫乏的湖泊；中营养湖介于贫营养湖和富营养湖之间的湖泊类型；富营养湖是指湖中营养物质含量高、浮游生物种类少但生物量高的湖泊。

划分湖泊营养状态的指标主要是综合湖泊水体中总氮、总磷、叶绿素 a 浓度和化学需氧量等水质指标来评判的。目前对于湖泊富营养化状态的各项指标还没有一个被广泛接受的指标。英国国家环境署规定，在静止水体中，总磷质量浓度 0.086 mg/L 为富营养化的临界值。国际上一般认为湖水中总氮质量浓度 0.2 mg/L、总磷质量浓度 0.02 mg/L 是水体富营养化的临界发生浓度。

41. 评价湖泊水体水质的感官性状指标有哪些？

评价湖泊水体水质的感官性状指标主要包括温度、色度、浑浊度、臭和味、肉眼可见物等。

温度：湖泊水体的温度随季节和气候条件而有不同程度的变化，变化范围为 0.1 ～ 30℃。

色度：一般浅的清洁天然湖泊水体是没有颜色的，当受到污水污染或发生富营养化时，会使湖水呈现不同的颜色。

浑浊度：湖泊水体中的浑浊度主要是由水中含泥沙、黏土、有机物等造成的，当水浑浊时，除了影响观赏，其中可能含有大量的污染物、细菌、微生物及病毒。

臭和味：湖泊水体中的臭和味主要来源于水生动植物的繁殖和衰亡、有机物的腐败分解、溶解的可挥发性气体及矿物质等。

肉眼可见物：湖泊中的肉眼可见物主要包括悬浮的生活垃圾、工业垃圾及微生物等。

以上这些湖泊水体性状的改变都会刺激人的感官，使人感到不舒服。

42. 毒性污染物主要包括哪些？

湖泊中的毒性污染物主要可以分为无机化学毒物、有机化学毒物、放射性物质和藻毒素等。

（1）无机化学毒物：主要指重金属及其化合物，可以在鱼类及水生生物、农作物体内富集而造成危害，人通过饮用或食物链的作用使重金属在体内累积富集而中毒，甚至导致死亡。

（2）有机化学毒物：主要是指酚、苯、有机农药、多氯联苯、多环芳烃、合成洗涤剂等，这些物质具有较强的毒性，通常具有致畸、致癌、致突变（“三致”）的危害。

（3）放射性物质：是指通过自身的衰变可放射出 a、β、γ 等射线的物质，放射性物质进入人体后会继续放出射线，危害机体，使人患贫血、恶性肿瘤等疾病。

（4）藻毒素：是指有些水华藻类产生的毒素，目前已知的有毒藻类有 20 多种，主要有蓝藻类，如最常见的铜绿微囊藻、鱼腥藻等，藻毒素有严重的危害，可造成水生生物、家禽、家畜及人类中毒甚至死亡。

43. 湖泊干净与否，谁说了算？

湖泊水环境的好与坏有时是可以直接通过人的感官辨别出来的，如富营养化的水体。但有时我们是感觉不出来的，判断一个湖泊是否干净，在我国，判断的依据是国家颁布的《地表水环境质量标准》（GB 3838—2002）。

目前，该标准规定了109项水质指标的标准值，这些标准值是为了维持和保护湖泊与河流的各种生态功能。具体的生态功能包括提供清洁的生产生活用水、维持稳定的渔业产量以及保障人类健康的生活环境等。

当湖泊中的污染物浓度超过规定的限值时，就可以认为湖泊是“不干净”了。如在农田中大量使用氮肥和磷肥等肥料，它们随雨水不断汇入湖泊，日积月累，在水中的浓度一旦超过标准值，就很容易引发“蓝藻水华”等严重的环境问题，造成沿岸居民饮水困难和渔业财产损失等。

因此，湖泊干净与否是由国家或地方颁布的水环境标准说了算，它就像一支体温计上的红线，当湖泊的“体温”超过它时，就意味着它的健康正受威胁，已经成为“不干净”的湖泊了，继续使用它会带来一系列不良后果。

44. 污水进入湖泊后能得到净化吗？

污水进入湖泊后是否可以得到净化，要看湖泊所处的状态。通常把水体自净能力视为一个健康湖泊所具有的重要功能之一。但需要特别注意的是湖泊的自净能力不是无限的，我们不能无节制地向它排放污染物，否则不仅会损害它的净化能力，还会引起更加严重的水污染问题，太湖、巢湖和滇池等污染严重的湖泊都是人类过量排污的例子。

认识湖泊的净化能力，要从它的生命特征开始。湖泊就像其他生活在地球上的生物一样，也是有生命的，这也是它拥有净化能力的秘密所在。当一定量的污水进入湖泊后，它身体的各种“细胞”就会消化它，把污水作为食物或营养来源，这些“细胞”是指水里的各种动植物和微小的生物，如某些水里的植物可以很好地将污染物“消化掉”，起到很好的净化水质的功能。显然，水里的各种生物的“消化”和“吸收”功能是有限的，当污染物过多时，它们不仅无法正常存活，反而可能会被“噎死”，从而失去了应有的净化功能。总之，我们要合理地利用湖泊的自净能力，杜绝随意向湖泊排放污染物，维护湖泊良好的生态功能。

45. 什么是水质型缺水？

说到南方缺水就不得不提到缺水的另一种重要表现形式，即水质型缺水。

水质型缺水是指由于水体受到污染而使原本可以利用的水资源变为不可利用，从而造成水资源短缺的现象。在我国南方尤其是沿海经济发达地区这类缺水问题尤为严重。如上海和广州就是两个典型的水质型缺水城市，它们守着终年波涛滚滚的黄浦江、珠江却不得不到青浦县的淀山湖、宝山区陈行水库或上溯几十千米的上游取水，这是因为黄浦江和珠江水质严重污染，而现有的自来水处理工艺还无法使黄浦江和珠江的水质达到标准，出水仍然有令人难以接受的异味。

解决水质型缺水最好的、最根本的办法就是开发新的水处理技术，但就目前情况来说，远距离引水或跨流域调水也取得了较好的效果，如引滦入津等。当然，归根结底，保护水环境才是解决此类问题的根本。

46. 长江中下游的湖泊有何“先天不足”？

长江中下游的湖泊主要包括鄱阳湖、洞庭湖、太湖、巢湖、洪泽湖等众多湖泊，中下游湖泊具有洪涝灾害严重，生态系统破坏以及水体富营养化等“先天不足”表现。

长江中下游地区继历史时期的湖泊湿地大规模垦殖活动之后，20 世纪 50—70 年代，又掀起了围湖造田的新高潮，随着围湖造田的规模越来越大，湖泊容积不断缩小，使湖水位涨落年变幅增大，再加上长江流域大部分地区为季风性气候，降水量大，中上游坡度大、植被破坏严重，长江中下游地区

洪涝灾害频发，上游水土流失剧烈，进入湖泊后流速急剧下降，泥沙易沉积，导致中下游地区湖泊营养盐较丰富。

20 世纪 80 年代中期兴起的围网养鱼活动构筑的堤坝隔断了湖泊通江的水力联系，改变了湖泊的水文状况，使湖泊生态系统结构受到严重破坏。这种状况导致该地区的湖泊容量急剧减小，再加之人们以点源、面源形式通过河渠、径流等水文过程向湖体排放大量工业、生活和农业污水，又加剧了长江中下游湖泊的富营养化过程。

47. 太湖好像被“绿油漆”刷过，谁“刷”的？

2007 年 5 月，太湖梅梁湾湖水突然像是被“绿油漆”刷过，并伴随着阵阵恶臭，沿岸自来水厂的水也被污染，这次水污染事件在全国引起了轰动。那么，该事件的罪魁祸首究竟是谁呢？答案就是“蓝藻”。

蓝藻又称为“蓝绿藻”，是一种非常原始的单细胞藻类，由于细胞中含有一些蓝色色素，因此被称为蓝藻（当然一些种类的蓝藻还含有其他的色素，使它们呈现不同的颜色）。一般来说，我们肉眼是

看不到蓝藻的，但在一些营养丰富的水体中，有些蓝藻会大量繁殖聚集，因此我们看到的湖水仿佛被刷了一层绿色的油漆，同时水面还会形成一层蓝绿色且有腥臭味的浮沫，这种现象被称为“水华”，是水质严重污染的一种表现。除了湖水变成绿色外，蓝藻的大量聚集还会严重消耗水中的氧气，造成鱼类和其他水生生物的死亡，有些蓝藻还会产生藻毒素，危害人和其他生物的健康。

通常，一个健康的湖泊不会发生“水华”。由于人们大量使用化肥、含磷洗衣粉等导致入湖污染负荷持续增加，给水体增加大量的氮、磷等营养盐，这就造成水体“富营养化”。由于湖水中存在丰富的氮、磷，其为蓝藻生长提供了充足的养料，在温度适宜的情况下，蓝藻就会大量繁殖，从而形成“水华”现象。

48. 巢湖水草为何消失了？

水草消失标志着巢湖生态系统由草型清水的生态系统退化为以浮游藻类为优势的藻型浊水生态系统。

早在20世纪60年代初，在巢湖上修建了闸坝，切断了江、湖的水力联系，极大地改变了巢湖原有的水文状况，恶化了水生植物生存的光照条件，降低了水体的透明度，光照不足成为了沉水植物生长的重要限制因子。特别是巢湖闸使冬春季巢湖水位大幅抬升，这可能是导致巢湖水生植物衰退的根本原因。又由于水污染的加重，水体中高浓度氨氮的毒害作用，也是限制沉水植物生长的重要因素。同时，巢湖的围垦历史悠久，入湖河口部分，由泥沙淤积的浅滩多数被围垦，原有的360多个湖汊、湖湾已荡然无存，这或许也是巢湖水草消失的原因之一。

只要我们加大对巢湖的综合防治措施力度，严格控制污染物的排放，巢湖是可以实现从目前的藻型—浊水向草型—清水生态系统演替的。

49. “八百里洞庭”美如画，如今还是这样美吗？

洞庭湖位于长江中游荆江段南岸，居处湖南省东北隅，毗邻湖北省，面积广阔，为我国第二大淡水湖，曾因风景优美而著称，据传“洞

庭”为“神仙洞府”的意思，可见其风光之绮丽迷人。洞庭湖在昔日里更是有“八百里洞庭”美如画的名声。

而如今，随着国民经济的迅速发展、人口的增长等因素，人为附加给洞庭湖的压力剧增。具体表现在围湖造田筑垸，大量排放污染物等行为。围湖造田使得洞庭湖的湖体面积逐渐萎缩，原本大片的湖泊现如今已经被改造成田地等；大量的开采湖泊和上游河流的水资源减少使得湖泊水量骤减，泥沙淤积。更为严重的是，大量污染物排入湖内，污染了湖体水质，目前洞庭湖已处于中度富营养化状态。

由于上述自然和人为因素的影响，洞庭湖已面临着诸多水环境问题，昔日美景已名不副实。

50. 鄱阳湖“一湖清水”还清吗？

鄱阳湖是我国最大的淡水湖，也是我国第二大湖，位于江西省北部、长江中下游南岸，是国内水质较好的湖泊之一。同时，鄱阳湖是国内重要的生态功能保护区，长江重要的调蓄湖泊，也是我国首批列入世界湿地名录的七块湿地之一。然而，近年来，由于气候变化、环境污染等原因，鄱阳湖“一湖清水”已不复往日的清澈。

气候变化、流域不合理开发等因素使得往日的“一湖清水”面临着缺水的尴尬情景，导致鄱阳湖枯水期时间延长。而由于农业活动等带来的水环境污染物排放量不断增加，使得鄱阳湖水质受到一定污染，尤其造成鄱阳湖枯水期水质较差的水体比例明显增加。伴随着工业化、城镇化等进一步推进，增加了鄱阳湖水质下降的风险，保护鄱阳湖“一湖清水”的任务十分艰巨。

51. 洪泽湖的污染物从哪儿来？

洪泽湖位于淮河下游，水域面积 1 597km^2（水位 12.5 m），是我国第四大淡水湖。洪泽湖承接上中游 15.8 万 km^2 面积的来水，多年平均入湖水量 330.4 亿 m^3。

淮河是洪泽湖主要入湖河流，来水量占总入湖水量的 80% 以上；怀洪新河、池河、新汴河、濉河、老濉河、徐洪河等中小型河流也流入洪泽湖。

洪泽湖现状水质为劣V类，主要是总氮、总磷超标。洪泽湖接纳污染物以外源为主（占总污染物的 95%），其中来自淮河的污染物约占入湖污染物的 51%，是洪泽湖入湖污染物的主要来源。自 1978 年以来，淮河共发生了 13 次严重的污染事件，而淮河下游的洪泽湖更是难逃其害。除了河水带来的污染物以外，面源污染和沉积物释放的污染也占了很大的比例，分别占输入污染物的 43.8% 和 5.3%。

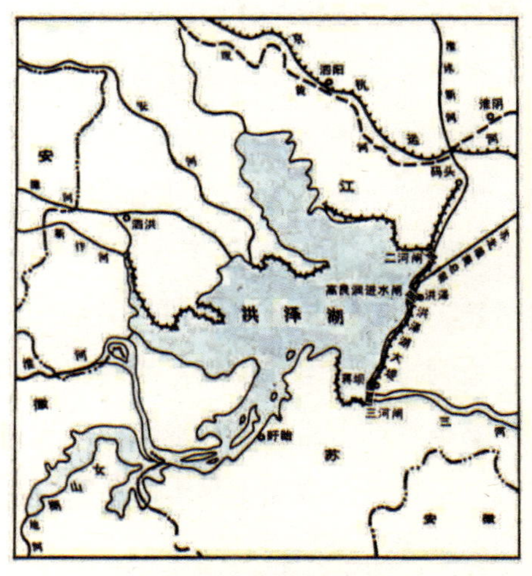

洪泽湖水库平面图

52. “高原明珠”滇池还是“明珠”吗？

滇池位于云贵高原中部，地处长江、红河、珠江3大水系分水岭地带，湖泊面积约306 km^2，流域面积约2 920 km^2。入湖主要河流有35条，包括盘龙江、宝象河等。滇池是云贵高原上的一颗明珠，兼有城市供水、工农业用水、旅游、航运、水产养殖、气候调节等功能，在昆明市的社会经济发展中起着极其重要的作用。

随着经济发展和城市规模的扩大，加重了流域生态环境压力，水体受到污染，导致湖泊严重富营养化，滇池面临水污染和水资源短缺的双重困境。大量蓝藻生长，致使滇池部分区域出现周年性“水华”，往日的“高原明珠”如今已沾染了“污渍”。

滇池的污染问题得到了国家及云南省、昆明市政府的高度重视，从“九五”到“十二五”期间，投入巨资开展了截污、调水、生态修复、河道治理、清淤等治理工程，并对流域内的产业结构进行优化调整。这些治理项目取得了阶段性的成果，滇池水质恶化的趋势已基本得到控制，湖泊的富营养化状态在逐步好转。相信在公众的关注和政府的高度重视下，经过长期、持续和艰巨的治理，“高原明珠”一定能重新焕发出光彩。

滇池蓝藻水华

53. “湖光水色”哪里有？

“湖光水色”一词来源于美国散文作家梭罗的作品《瓦尔登湖》。湖水本是澄澈碧绿的颜色，但由于远观和近观不同，由于光线的明暗不同，由于天气不同，湖水会呈现出蓝色、蔚蓝色、青灰；由于观看的位置不同，由于天空缥青与岸沙的橙黄互映交融，湖水则呈现出天青色、橙黄色、嫩绿暗碧、新绿；由于天光山色的倒映，加上近距离的视觉，湖水又呈现出难以名状的浅蓝。如此美妙的景色在 100 多年前的作品中淋漓尽致地描述出来。

湖光水色的景象在现如今也能找到，我国第一大内陆湖青海湖，在不同的季节里，景色迥然不同。夏秋季节，湖畔大片整齐如画的农田麦浪翻滚，菜花泛金，芳香四溢，碧波万顷，水天一色的青海湖，好似一泓玻璃琼浆在轻轻荡漾；寒冷的冬季，青海湖开始结冰，浩瀚碧澄的湖面，冰封玉砌，银装素裹，就像一面巨大的宝镜，在阳光下熠熠闪亮，终日放射着夺目的光辉。

但近年来，我国湖泊污染日益严重，湖体变绿，漂浮物堆积，并伴随着阵阵恶臭的现象在一些区域随处可见。为了让“湖光水色”的美景能够保存下去，改善湖泊水环境质量迫在眉睫。

54. 湖泊水污染与居民喝水有关系吗？

我国很多城市都以湖泊为集中式饮用水水源地。由于人口激增和社会经济的快速发展，湖泊水资源遭受的污染也越来越严重，人类日常生活用水安全受到越来越严重的威胁。根据环境保护部 2013 年发布的《2012 年中国环境状况公报》：2012 年，62 个国控重点湖泊（水库）中，Ⅰ～Ⅲ类、Ⅳ～Ⅴ类和劣Ⅴ类水质的湖泊（水库）比例分别为 61.3%、27.4% 和 11.3%。

水源水质可以影响消毒效果。水的温度、浊度、酸碱度、水中有机物污染程度及卤素的含量、不同致病微生物的污染量及其抗药性等因素都会影响氯消毒效果，常规消毒往往不能彻底杀灭水中的微生物。当然，开水可以杀灭水中的细菌、病毒，但是细菌、病毒的尸体继续留在水中，进入人体后即可能成为医学上所说的“热源体”，临床上常见的“无名热”多源于此。

生活饮用水水质的好坏与人们的身体健康密切相关。据世界卫生组织（WHO）调查表明，全世界 80% 的疾病和 50% 的儿童死亡都与水质不良有关。由于水质不良导致的消化疾病、传染病、各种皮肤病、糖尿病、癌症、结石病、心血管病等多达 50 多种。

55. 太湖 2007 年蓝藻暴发危害有多大？

太湖 2007 年蓝藻暴发，比往年暴发的时间更早，污染规模更大。这次蓝藻暴发引发了无锡市饮水危机，无锡市除了锡东自来水厂外，70% 的自来水厂取水口的水质都被污染，无法向居民供应达标的自来水，直接影响到 200 多万人的生活饮用水。居民生活用水出现短缺，引起去超市抢购饮用水和面包的行为，无锡市各大超市纯净水供不应求，无锡街头零售的 18 升桶装纯净水的价格从平日的每桶 8 元上涨到 50 元。

太湖水质恶化也造成旅游业的巨大损失。无锡作为一座历史名城，旅游业是一项支柱产业，每年可吸引 300 万左右的境内外游客前来观光旅游，每年 5—6 月开始正是无锡旅游业步入旺季之时，6—7 月达到高峰。而 2007 年太湖蓝藻暴发期间，使无锡游客接待量和效益下降了 50% 以上，尤其是太湖边景点，无锡太湖影视城等，收入惨淡。

据测算，2007 年太湖蓝藻暴发所造成的直接经济损失达 28.77 亿元（包括生活用水损失 17.63 亿元，旅游损失 11.14 亿元），间接经济损失达 520 万元（包括蓝藻暴发后救灾累计出动 3 500 船次，17 000 人次，打捞蓝藻 28 000 t 所消耗的救灾资金）。

这次蓝藻暴发事件敲响了我国湖泊保护的警钟。

56. 巢湖湖区 2009 年暴发局部性蓝藻水华，面积大吗？

2009 年 6 月，随着晴热少雨天气来临，安徽巢湖西半湖蓝藻出现较大面积集聚，湖区气象卫星遥感图片显示，巢湖西半湖北部、西半湖东部、忠庙附近有 3 处蓝藻集聚，面积共约 33 km^2，占全湖面积的 4.2%，为 2009 年以来湖区蓝藻发生面积最大的一次。

巢湖出现蓝藻的面积没有超过全湖面积的 5%，藻类密度也低于 200 万个 / L。所以，尚不能说“蓝藻大面积发生”。

57. 微囊藻毒素从何而来？危害有多大？

微囊藻毒素（简写 MC）是蓝藻排放的毒素中最常见的一种，在蓝藻水华暴发时能检测出水体中微囊藻毒素含量大幅增加，目前已发

现 80 多种 MC 异构体。它主要通过饮用水进入人体，“水产品（鱼、虾、蟹等）→人”的生物链富集作用也是一种途径。

微囊藻毒素除了直接对鱼类、人畜产生毒害之外，也是肝癌的重要诱因。目前的研究发现微囊藻毒素进入肝细胞后，能强烈地抑制其蛋白磷酸酶的活性，导致肝癌及肝损伤的发病率高于正常地区。

蓝藻对人体的毒害作用的记载，可追溯到 1 000 多年前，当时诸葛亮记载了他的部队从我国南部的一条发绿的河流中取水饮用而中毒死亡，推测可能是蓝藻毒害。由此可知，微囊藻毒素对于人类和其他生物的健康和生命安全都有很大的威胁。

58. 旅游污染会让云南“女儿国”泸沽湖“受伤”吗？

泸沽湖是云南九大高原湖泊之一，湖水清澈蔚蓝，是一个远离嚣市，未被污染的处女湖，水质一直保持在Ⅰ类标准。在泸沽湖畔生活的摩梭人至今仍保留着母系氏族婚姻制度，泸沽湖也因此得名“女儿国”。

近年来，泸沽湖声名鹊起，优美的自然风光和神秘的民族文化吸引了众多游客前来踏访。潮水般涌入的人流不仅改变了当地居民原始的生产生活方式，也给泸沽湖相对闭塞的生态环境造成了一定的压力。泸沽湖流域内的旅游接待设施主要位于湖泊西北边沿洛水、里格一带，形成旅游与农业经济协同发展的区域，用水方式逐步向城市方向靠近，游客聚集程度较高，旅游污染排放总量持续增加。

为了保护环境，泸沽湖在开发旅游业上将环境保护放在重要位置。比如湖泊上禁止行驶汽艇等使用石油燃料的船只，而采用传统的人力船；当地管理部门严格控制污水直排入湖等。旅游业虽然会给泸沽湖带来一定的环境压力，但是只要我们能够合理地保护环境，不过度开发资源，做到人与自然的和谐，泸沽湖会一直保持其碧水蓝天的美景。

59. 日本最大的湖泊琵琶湖也曾被污染，目前状况如何？

琵琶湖是有400万年历史的日本最大淡水湖，地处本州岛京都市东面的滋贺县。由地层断裂下陷而成，形似琵琶，故名。面积约690 km^2，湖面海拔85 m，平均水深41 m，最深达103 m。以比睿的树林、濑田石川的清流、雄松崎的白汀、海津大崎的岩礁、贱岳的大观、彦根的古城、竹生岛的倒影、安土八幡的水乡构成了闻名遐迩的烟雨、夕阳、凉风、晓雾、新雪、晓月、深绿、春色等琵琶湖八景。

从 20 世纪 70 年代开始，琵琶湖逐渐向富营养化发展，水体功能严重退化，富营养化导致了严重的赤潮和水华现象：从 1977 年至 1992 年（1986 年除外），琵琶湖每年都暴发淡水赤潮，1983 年 9 月 21 日，该湖第一次发生水华。之后，日本实施了以流域为单元的综合治理，制定特别法规保障治理工程，严格控制污染源，治山养水等保护措施，使接近于“死湖”的琵琶湖恢复了生机。

现在琵琶湖水质可达饮用水标准，作为京畿地区 1 400 万人的供水水源地，琵琶湖被人们亲切地称为“生命之湖”。湖泊生物多样性相当丰富，湖中有超过 1 000 种动植物：鱼类约有 46 种，贝类约 40 种，水草 70 种，淡水珍珠养殖世界文明，同时被认为日本淡水鱼的宝库。现在的琵琶湖为国家公园，风景怡然，是日本国内外的著名游览胜地，游人流连忘返。

日本琵琶湖一隅

60. 湖泊污染危害的后果有哪些?

湖泊污染会产生十分严重的后果。

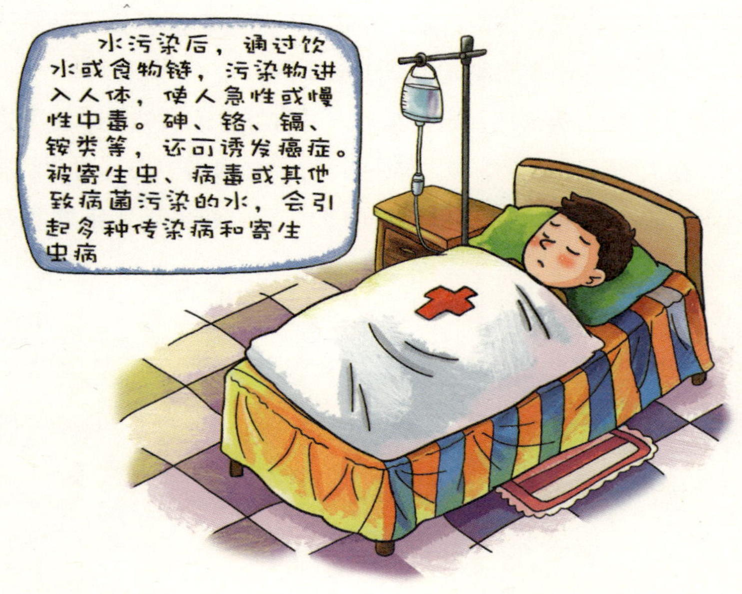

首先，对湖泊生态系统本身造成破坏。在正常情况下，氧在水中有一定溶解度。溶解氧不仅是水生生物得以生存的条件，而且氧参加水中的各种氧化—还原反应，促进污染物转化降解，是天然水体具有自净能力的重要原因。由于城市污水中含有大量有机污染物，其被排入湖体经降解释放出氮、磷等营养元素，促进水中藻类大量生长，使水体通气不良，溶解氧下降，甚至出现无氧层，以致使水生植物大量死亡，水质变黑，水体发臭形成“死湖”，进而变成沼泽。富营养化的水臭味大、颜色深、细菌多，这种水的水质差，不能直接被利用。

其次，影响工农业生产。湖泊水质受到污染后，工业用水必须投入更多的处理费用，造成资源、能源的浪费，食品工业用水要求更为严格，水质不合格，会使生产停顿。这也是工业企业效益不高，质量不好的因素。农业使用污水，使作物减产，品质降低，甚至使人畜受害，大片农田遭受污染，降低土壤质量。

最终会危害人类健康。水污染后，通过饮水或食物链，污染物进入人体，使人急性或慢性中毒。砷、铬、镉、铵类等，还可诱发癌症。被寄生虫、病毒或其他致病菌污染的水，会引起多种传染病和寄生虫病。

HUPO SHUIHUANJING
BAOHU ZHISHI WENDA
湖泊水环境保护知识问答

第三部分
湖泊污染防治措施与方法

DISANBUFEN HUPO WURAN FANGZHI
CUOSHI YU FANGFA

61. 湖泊污染防治的“三字经”是什么？

湖泊水，要保护，湖污染，要治理；
占湖泊，要禁止，侵湿地，需退还；
点污染，要根治，面污染，要严控；
工艺差，要淘汰，设备旧，需更新；
排污水，要收费，出水质，要达标。

水产场，讲生态，控诱饵，防污染；
畜禽场，优布局，粪尿多，零排放；
农村水，重收集，多手段，综合治；
农业口，调结构，控农药，减化肥；
先预防，后治理，环保口，统一管。

水生态，要恢复，水生物，需齐全；
湖滨带，可截污，少占用，严保护；
缓冲带，限发展，严控污，最重要；
产流区，养水源，防流失，要绿化；
全流域，一盘棋，责任制，要考评。

62. 湖泊治理为什么要坚持“一湖一策”？

我国湖泊数目众多、成因各异，其周边的生态特点、流域经济产业结构和发展方式迥异，受污染的种类和污染状况也各有不同。各地在湖泊污染治理方面做了大量工作，但湖泊污染严重的状况并未从根本上得到彻底改变，症结之一在于湖泊特点各异，缺乏针对性强的治理与政策措施。因此，在湖泊治理和保护中，如果不能因地制宜、区别对待，那么湖泊的治理就很难产生实际效果。以往“一刀切”的湖泊治理方式显然已经不适合当下复杂的湖泊污染现状。

实行“一湖一策”治理方式，不但有利于避免走“先污染、后治理”的老路，也有利于因地制宜地解决制约湖泊治理的关键问题。相比于大江大河，湖泊的生态系统比较脆弱，污染、破坏相对比较容易，而且一旦污染，其治理成本巨大，甚至不可逆转。

对复杂的湖泊污染问题仍需要辩证地分析。既需要“一湖一策”有针对性地治理和保护，也需要实施跨流域、跨地区的统筹协调和共同治理。

63. 为什么要实施湖泊流域生态修复?

湖泊流域生态恢复应包括陆域生态修复、湖滨带生态修复及湖泊水生态修复三部分，应从全流域出发，综合考虑湖泊流域陆生生态系统与水生生态系统的相互影响，以修复湖泊水生态系统为核心，达到全流域生态系统健康稳定的目标。因此，湖泊保护应在污染源得到有效控制的前提下实施生态修复。湖泊陆域生态修复包括湖泊上游山地侵蚀区、矿山、农作区生态修复以及水源涵养养林建设等。陆域生态修复是防止流域水土流失、减轻流域污染的重要手段。湖滨带生态修复主要是在湖泊陆域生态系统与水生生态系统的交错带进行生态修复，湖滨带因具有高的生物多样性、对流域入湖水质有较好的净化效果与固安护岸功能，同时具有较高的景观娱乐价值等，因为受到了较高重视，湖泊水体是湖泊流域的核心，湖泊生态修复是维持湖泊生态健康、保障湖泊水质的重要措施。

64. 如何强化湖泊水资源保护?

湖泊水资源是陆地水资源的重要组成部分，也是我国饮用水的重要来源。湖泊水体的自净能力远不及海洋及江河，受到污染后不易控制和治理，需予以特殊的保护。

目前，我国主要湖泊受到大量未经处理的污水和污染物的污染，其水体污染严重，富营养化问题突出。因此，我们必须要保护好湖泊水资源，以水功能区管理为载体，强化湖泊水资源保护，包括：

依据水功能区划，科学核定湖泊水域纳污能力，研究提出分阶段入湖入河污染物排放总量控制计划；

加强已建、新建入湖入河排污口管理和整治，严格入湖排污口和取用湖泊水资源的退水监控，逐步实现清水入湖；

积极开展湖泊水体的水量、水质及水生态系统监测，及时、准确地评估湖泊水体功能状况。

65. 抚仙湖是如何保护水资源的？

抚仙湖是我国淡水储量最大的优质水资源湖泊之一，也是我国湖泊水资源保护的典范。其蓄水量 216 亿 m^3，占全国淡水湖泊蓄水总量的 9.16%。2002 年，抚仙湖水质下降为Ⅱ类水，敲响了保护抚仙湖的警钟。

2003 年以来，当地市委、市政府在全省率先提出并实施生态立市战略，编制了保护治理规划，咬紧牙齿关矿，含着眼泪取缔机动船，冒着风险拆除沿湖违章建筑，全市人民挤出财政资金治理保护水资源，启动实施了星云湖—抚仙湖出流改道工程等一批重点项目，使抚仙湖水体水质自 2004 年总体恢复Ⅰ类并保持至今。

目前，对抚仙湖的保护由恢复性保护转向巩固性保护，由重点保护转向全面保护，由探索性保护转向依法保护。同时，玉溪市正在推进抚仙湖全径流区实施“一退够，二调优，三保护”战略，削减入湖污染负荷，有效控制全流域面源污染，巩固抚仙湖Ⅰ类水质。

66. 怎样优化配置湖泊流域水量？

湖泊流域水量优化配置是以总量控制为核心，实施湖泊流域水量统一调度，统筹生活、生产、生态用水需求。水资源的合理配置是由工程措施和非工程措施组成的综合体系实现的。

合理配置中的“合理”反映在：水资源分配中解决水资源供需矛盾、各类用水竞争、上下游左右岸协调、不同水利工程投资关系、经济与生态环境用水效益、当代社会与未来社会用水、各种水源相互转化等一系列复杂关系，建立相对公平的、可接受的水资源分配方案。

一般而言，合理配置的结果对某一个体的效益或利益并不是最佳的，但对整个资源分配体系来说，其总体效益或利益是最高最优的。而优化配置则是人们在寻找合理配置方案中所利用的方法和手段。湖泊水资源优化调控的目标是服务于国家和区域社会经济的可持续发展，确保湖泊水资源持续利用和湖泊生态系统有序发展。

67. 湖泊流域水资源配置的战略性措施有哪些？

湖泊流域水资源配置的战略性措施包括建立和健全湖泊流域水资源保护法规，实施湖泊水资源保护的流域全过程、全方位管理战略。

多数湖泊由好几个部门进行管理，缺乏统一的湖泊流域水资源决策与管理机制。充分发挥地方政府在解决湖泊水资源问题中的作用，调整产业结构，向少污染、轻污染直至无污染，资源节约型发展方向转变，实施资源节约型国民经济发展战略。

同时增加投入，因地制宜实施改善湖泊水资源状况的环境整治工程战略；实施湖泊流域公众环境教育战略。加强公众环境意识和对湖泊水资源、湖泊生态系统价值的认识。

68. 如何规范湖泊开发利用？

规范湖泊开发利用，指的是根据《中华人民共和国水法》《中华人民共和国水土保持法》《中华人民共和国防洪法》《中华人民共和国土地管理法》《国务院关于实行最严格水资源管理制度的意见》法律、法规以及地方相关的管理条例、法规和政策， 按照“先规划保

护后开发利用”的要求，加强对开发利用湖泊及建设项目的前期指导、中期管控、后期监督与反馈。在开发利用前进行现场调查和方案论证，做好湖泊开发利用规划；在开发利用中进行规划实施的过程评价和管控；在开发利用后进行年度或季度的跟踪评价、监督和反馈，为下一轮湖泊开发利用规划的修编提供依据，也为保护湖泊生态系统的可持续发展以及湖泊的生态服务功能提供保障。严格对湖泊开发利用规划的审查和建设项目审批，对没有规划依据的湖泊进行大规模开发利用、没有明确补偿措施的湖泊开发利用等涉湖建设项目从严控制，使湖泊的开发利用依法、规范、有序。

69. 如何减少湖泊淤积？

湖泊流域上游来水的含沙量较大、进入湖泊后流速急剧下降，是造成湖泊淤积的主要原因之一。湖泊淤积导致湖泊蓄水能力下降，蓄水量不断减小，污染加重，最后会导致湖泊萎缩甚至干涸。而湖泊面积缩小，蓄水量也就相应减少，从而又使河流易发生洪灾。

积极开展湖泊周边的水土保持，治理湖区水土流失，有效减少湖泊的淤积。在流域范围采取禁伐封育、退耕，小流域综合治理等措施，大力营造生态保护林和水源涵养林，防止湖区上游的水土流失。视湖泊淤泥量及周边环境情况可采用不同方法处理湖泊淤积。

70. 如何防止湖泊萎缩退化？

湖泊萎缩退化的原因有多种，除自然因素外，围垦造田、养殖，以及填湖造房、修路等人类活动也是加速湖泊萎缩退化的推手。可采用以下方法防止湖泊萎缩退化：

（1）推进河湖水系连通，增强水资源配置能力。以水库为调蓄中枢，以河道、渠系为主要输水载体，连通河流水系与沿途湖泊、水库，实行调水引流、多源互补、丰枯调剂、以清释污，构建引得进、蓄得住、排得出、可调控的江河湖库水网体系。

（2）抓好水域岸线管理，促进水生态系统修复。制定湖泊流域开发和保护的控制性指标，合理确定主要湖泊的生态用水标准，加强水利水电工程生态环境影响评估论证，保持河湖的合理流量和水位；推进重点江河湖库综合整治，促进水生态系统修复。

（3）构建合理的湖泊保护管理体制。管理要落实到沿湖各级政府。建议将保护湖泊的完整性与地方政府工作考核挂钩，有效杜绝一些地方政府纵容甚至参与填围湖泊。可推广太湖无锡实行的“河长制”。在很多地方，责任不明是制约河湖萎缩退化和污染治理的一个重要因素。

71. 湖泊水生态系统如何恢复或修复？

湖泊水生态系统恢复的重要前提是污染已得到有效的控制或消除，最终目标是恢复水生态系统和生物多样性。恢复水生植被的同时应考虑尽可能为所有湖泊本地的水生生物生存创造适宜的环境。

湖泊水生植物系统一般由沉水植物群落、浮叶植物群落、漂浮植物群落、挺水植物群落及湿生植物群落共同组成。应根据适应性、本土性、强净化能力及可操作性等原则确定其先锋物种，进行水平空间配置及垂直空间配置。应注重浅水区、消落区的植物群落和湿地的保护和恢复。科学选择和合理搭配水产养殖种类，调整湖泊水生生物不合理的结构。

对已丧失自动恢复水生植被能力或自动恢复起来的水生植被不符合湖泊水质保护需要的情况，可考虑通过生态工程措施重建水生植被。

对于仍然保留适合于大型水生植物生长的基本条件、有一定残留水生植物面积或局部湖区出现自然恢复趋势的湖泊，可以通过提高水体透明度、控制有机污染及氮、磷污染等人工措施改善水生植物生长的环境条件，人工辅助恢复水生植被。

72. 什么是湖泊缓冲带，其功能如何？

湖泊缓冲带泛指湖泊、水库等水体最高水位线以上的部分陆域地区，其范围根据不同水体的实际情况有所差别，是湖泊流域生态系统的重要组成部分，是保障湖泊水生态系统安全的一道至关重要的屏障。

健康完善的缓冲带应该具备以下特点：物种丰富，生态结构稳定，生物多样性好，且无明显的人为开发建设的痕迹。

缓冲带研究在国外已有较长历史，20 世纪 60 年代后期，缓冲带的概念首先在美国提出并得以应用，即认为缓冲带是将近岸区域的人类活动和水环境有效隔绝的缓冲区域。

缓冲带具有独特的物理、化学、生态特性，对流经的物质流和能量流有拦截和过滤作用。10 ～ 15 m 宽的河边缓冲带能够滞留农田地表径流携带的大部分氮、磷。

缓冲带在控制河岸侵蚀、截留地表径流泥沙和养分、保护河溪湖泊水质、调节水温、为水陆动植物提供生境、维护河溪生物多样性和生态系统完整性以及提高河岸景观质量等方面具有重要的功能。

73. 湖泊综合治理为什么要首先控制污染源？

由于我国正处于快速经济发展阶段，人口的快速增长和城市化水平提高等导致过量污染负荷入湖，造成湖泊水质日趋恶化。因此，湖泊综合治理应当以源头减污降耗为重点，坚持预防为主，防治结合。

湖泊综合治理好比治病，首先要找到病因，然后是针对性的治理。湖泊污染的病因主要是在于污染源头难以得到有效控制。一方面是以城镇生活污水、工业废水为主的电源污染面临监管难题，部分城市污水处理厂“晒太阳”的情况屡有发生，而目前很多河流和湖泊补给水源中，来自降雨和地表径流的部分越来越少，而来自城市污水处理厂排水的部分越来越多；另一方面，以农村生活和农田排水等为主的面源污染处理难度更大，种植业和养殖业过量使用化肥、农药，农村排污管网覆盖率低，生活污水几乎放任自流。

湖泊水污染防治一定要从源头抓起，源头污染得以控制，水污染状况才会得到缓解。目前的水污染防治正是以污染源的控制为重点，非常重视污水处理厂的建设。如果不从污染源抓起，其他治理措施更难取得理想的效果，特别是需要将江河湖库源头的水资源保护作为重中之重，加强保护。

74. 湖泊污染源综合治理的重点是什么？

湖泊污染源的综合治理工作至关重要，其重点在于：

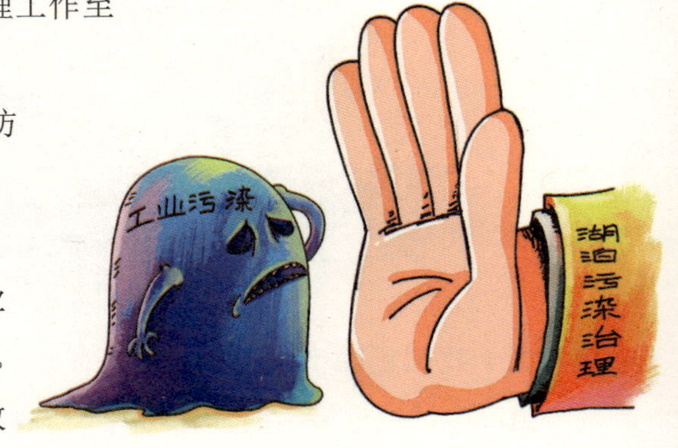

（1）加大工业污染防治力度。要加大对造纸、酿造、印染、制革、医药、选矿以及各类化工等行业落后生产能力的淘汰力度。在重点湖泊流域新建、改建或者扩大排污口，应当经过有管辖权的水行政主管部门或者流域机构同意。加强城市生活污染治理，保证出水水质达标。

（2）控制面源污染。在湖泊最高水位线外一定范围内严格控制种植蔬菜、花卉等单位面积施用化肥量大的农业活动，严禁施用高毒、高残留农药。控制湖泊周边旅游业和船舶污染，削减湖内污染负荷，逐步取消湖泊流域禁养区内的湖泊围网养殖和肥水养殖。

75. 白洋淀实施湖泊应急生态补水效果如何？

白洋淀位于河北省中部，是华北平原上最大的淡水湖泊，对维护华北地区的生态环境、保持生物多样性和珍稀物种资源起到重要作用。白洋淀历史上干淀记载不多，但近几十年因入淀水量锐减，干淀现象多次发生。其中1983—1988年曾连续5年干淀，使白洋淀水乡风光大减，野生动植物资源遭到破坏。1988年夏，白洋淀重新蓄水。从1992年起河北省先后10次从上游的西大洋、王快等水库向白洋淀补水，共补水约9亿 m^3。

“引岳济淀”（“岳”指岳城水库，“淀”指白洋淀）工程于2004年完成，是华北地区第一次以改善生态为目标且跨河系的调水补水工程，也是修复海河流域水环境的初步尝试。它解决了白洋淀的燃眉之急，补充了沿途地下水；工程初步达到河系沟通、输水贯通、以丰补枯的目的。

调水固然可缓解缺水危机，但要恢复淀区的生态环境则远远不够。解决缺水危机的根本出路还在于促进经济增长方式从粗放型向集约型转变，唤醒全社会的节水意识。

76. 如何增强湖泊自净能力？

湖泊水域较为封闭，流动性差，水体更新周期长，而河水流动速度快，使污染物快速扩散，水体更新比较快。因此湖泊自净能力不如河流的自净能力强。此外，微生物在河流的流动下会不停地运动，也增加了污染物与微生物的接触机会，提高了水体的自净能力。

因此，要加快湖泊水体循环，促进湖湾中水的流动，缩短湖湾换水周期，将“死”水带“活”，防止局部形成死水，从而提高湖泊的自净能力。在湖心、湖湾处安放人工复氧装置，通过装置内的螺旋浆使得水的表层和底层不断地循环，从而使底层的水体具有充足的溶解氧，避免营养物质的释放，增强水体的自净能力。

此外，湖泊自净还要靠动物和植物的净化作用。保持适量的水生植物，吸收水体中的氮、磷等营养物质，通过鱼类等吸收水中过度繁殖的藻类等。简而言之，要充分利用水体本身物种进行净化，维持湖泊自身的生态循环，不要过多人为干预。

77. 湖泊养殖的危害是什么？

湖泊养殖在多个方面可造成水污染，在湖泊中投放饲料时，多数饲料没有通过鱼体吸收就直接进入水体，而饲料中大量营养元素氮、磷是造成水体富营养化的主要因素；湖泊养鱼过程中，常常要施用消

毒剂、抗生素、各类激素及疫苗等。这些化学药剂在使用时就直接溶解于湖泊水体，达到一定浓度时就会对水体造成污染。

由于湖泊养殖业带来大量的有机、无机营养物，使浮游生物大量繁殖，从而吸引了大量以这些浮游生物为食的生物，这会使养殖区水生生物群落发生改变；过多的有机物质在分解过程中将大量消耗水中溶解氧，从而影响湖区水质。养殖密度过大，湖泊水质变差，溶解氧降低后，不可避免地出现死鱼现象，如不及时清理或清理不彻底，将会导致尸体腐烂，造成湖泊水质污染。

78. 湖泊点源污染如何防治？

点源污染可以通过控制排污口的排放或在排出前进行处理而得到控制和治理。对所有点污染源应实行以水域水质管理目标为导向的水污染物排放许可证制度。

所有工业污染源须达到国家或地方规定的污染物排放标准。工业污染源还应达到污染物排放总量控制的要求，推动实施清洁生产。对湖泊流域排放氮、磷等营养物质的工业污染源，应采用先进生产工艺和技术，提高水的循环利用率，减少生产过程产生的污水量和污染物负荷。从严控制临湖宾馆、饭店的污水排放，将其纳入城镇污水处理厂或建设配套的污水处理设施，实现达标排放。严格控制规模化畜禽养殖场的建设，已建成的畜禽养殖场废水及禽畜粪便必须进行有效的治理和无害化利用。饮用水水源地保护区内禁止新建、扩建与供水设施和保护水源无关的项目。

79. 湖泊面源污染如何防治？

面源污染是引起湖泊富营养化的重要因素。

对于农田地表径流，可因地制宜地采取农田基本建设及坡耕地改造、等高种植等水土保持技术，或利用田间渠道、坑、塘等改造成土地处理系统，进行农田污染控制。

根据实际情况对农村地区污水进行收集，采用与当地经济水平相适应的处理工艺对污水进行处理。

对于平原地区的农田面源污染，应合理规划农业用地；严格按照《农药使用环境安全技术导则》

（HJ 556—2010）、《农药安全使用标准》（GB 4285—1989）科学用药；控制农药或化学肥料的使用量，优化水肥结构，大力发展生态农业。

禁止直接向湖泊倾倒或抛弃农村固体废弃物。

建立有效的城镇地表径流收集（雨水管网）、处理系统，提高城镇排水管网截污能力，加大对初期雨水的收集处理能力。

对于强侵蚀区的面源污染，应既要控制水土流失，又要恢复区域生态系统的良性循环。生物治理与工程治理相结合，利用土石工程、绿化等措施，加快治理水土流失。

此外，应采取适当的工程措施，加强入湖前的水污染处理。

80. 湖泊内源污染如何治理？

湖泊内污染源（内源）主要包括底泥污染与湖内养殖及湖内船舶等污染。其中，湖内集约化养殖是湖泊内源污染的重要来源。在湖泊养殖中鼓励科学的自然放养方式。以生活饮用水水源为主要功能的湖泊严禁发展网箱养殖，已有的网箱养殖应予以取缔；以工农业用水或旅游为主要使用功能的湖泊，发展网箱养殖需要进行科学论证并经有关部门审批。严格禁止高密度养殖。网箱养殖活动向水中排放的污染物不得超过相邻水体自净能力。根据湖泊水环境现状和水质要求，按照“谁污染谁治理”的原则，养殖单位或个人应及时清除残饵，必要时疏浚网箱底泥。

采用底泥生态疏浚工程。在底泥生态疏浚工程的设计和施工过程中，须同时考虑湖泊水生生物的恢复，对施工过程应严格监控，采取有效方式处理堆场余水，避免造成二次污染。合理处理疏浚底泥，努力实现底泥的综合利用。

加强对湖泊内船舶的监管。湖泊内船舶污染主要是由于旅游、航运所用船舶产生的。应强化宣传，提高游客和运输船主的环境意识。湖泊旅游、航运产生的生活污水、废物应按规定妥善收集、贮存或处理，严禁向湖泊中直接排放或抛弃；减少或不使用柴油发动机船舶，鼓励使用清洁能源船舶。建立相应的船舶防污染应急机制，船舶应配备防污染设备，旅游、港口部门应建设足够的船舶废弃物接受设施。

81. 湖泊水华暴发有哪些应急措施？

湖泊水华暴发的常见应急措施如下：

（1）化学方法：使用杀藻剂或絮凝剂。要求：高效、毒性较小或无毒、无污染、无腐蚀，成本低，生产及运输安全，投药方便。硫酸铜杀灭蓝藻、明矾、石灰、三氯化铁絮凝藻类、敌草隆、西玛津、改性黏土（有机改性或者无机改性）沉降。

（2）物理方法：打捞或过滤，如局部湖区的机械捞藻；超声波一粉碎蓝藻细胞、放射线一杀灭蓝藻细胞、电磁电场一影响细胞的活性。

（3）通过生物间的相互作用：调节生态系统的结构、增加吃藻的滤食性鱼类和浮游动物。通过溶藻微生物直接侵袭蓝藻细胞。

（4）改变环境如调水降温，加速水体流动和稀释藻类；通过拦截来保护重点水域。

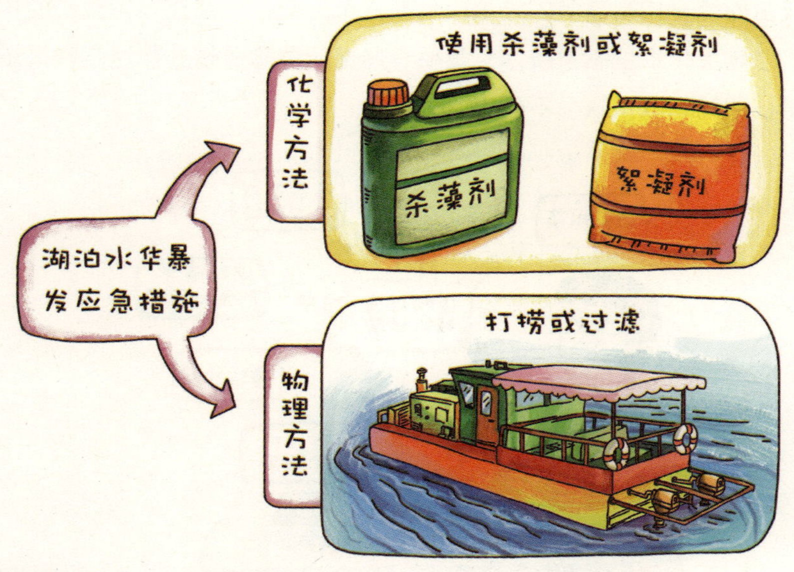

82. 生物除藻技术有哪些优势？

生物除藻技术是利用培育的生物或培养、接种生物的生命活动，对水体中的污染物进行转化、降解及转移，从而使水环境健康状况得到恢复的一种方法。

生物除藻技术可消灭藻类，去除异味，净化水质。其优势是不含任何毒害物质，不会造成二次污染；原位修复可使污染物在原地被清除，操作简便；修复工程对周围环境影响小，是解决城市河道、河湖和水库水质问题比较理想的选择。生物除藻技术中的生物法可以饲养一定的鱼类和水草或应用其他生物以达到控制藻类过量繁殖和泛滥的目的。

不同处理藻类的方法各有所长，均具有一定的局限性，靠单一的方法治理一个极其复杂的水生态系统，往往达不到理想的效果。标本兼治的综合控制藻类的方法应包括三个方面：一是控制污染物的排入；二是优化水生态系统；三是要有局部应急除藻措施。这三种措施并重，相辅相成，缺一不可。

83. 湖泊底泥环保疏浚技术有哪些？

环保疏浚是近 30 多年来发展起来的新兴产业，是一个复杂的系统工程。对一项具体的环保疏浚工程，应综合考虑工程的地理环境、水体特征、污染物的种类、含量等工程特性并有针对性地进行设计。工程特性不同，所采用的环保疏浚技术、设备及方法也不同。自 20

世纪 70 年代以来，美国、日本及欧洲的一些发达国家就开始投入大量人力、物力致力于环保疏浚技术的研究，并取得了一定成果。

常用的疏浚技术与设备大体上可分为两大类：一是利用传统的疏浚设备进行改造，即目前环保疏浚业普遍采用的措施。二是专用环保疏浚设备。近 20 年来，各国开始设计适用于环保疏浚的专用设备。尽管专用环保疏浚设备造价较高，但由于其针对性强、效率高，能够更好地满足工程需要，尤其是对一些质量标准要求高或水体特征较特殊的工程，专用环保疏浚设备有着独特的优势。

84. 湖滨带生态恢复有哪些方法？

湖滨带是水陆生态交错带的一种类型，具有重要的生态与环境功能。湖滨带生态恢复的基本目标为：建立过渡带结构、实现地表基底的稳定性、恢复湖滨带生态环境及动植物群落、保持湖滨带功能的多样性、增加视觉和美学效果。

湖滨带生态恢复中，应尽可能维持较大的过渡带规模，发挥湖滨带的截污、过滤和净化功能，为土著动植物物种及因特殊需求而引进的外来物种提供适宜的生存环境，对湖滨带群落的生物生产过程进行控制，防止外来物种可能带来的危害；湖滨带生态恢复应综合考虑物理基底（地质、地形、地貌）设计、生物种类选择、生物群落结构设计、节律（自然环境因子的时间节律与生物的机能节律）匹配设计和景观结构设计等重要内容；湖滨带严禁不合理的人为占用，已占用的应限期拆迁，退田还湖，湖滨带保护区应限制村落及工业、农牧业的发展；严禁破坏水下湖滨带的水生植被，有计划收割和管理水草。

85. 湖泊流域陆生生态系统如何恢复？

湖泊流域陆生生态系统包括湖泊上游山地侵蚀区、矿区、农作区及水源涵养林区等。不同区域采取的恢复措施有所不同。

（1）山地侵蚀区。在具有较强更新能力的疏林、灌丛、采伐迹地及荒山、荒坡等，通过一定的科学管理和人工补植，促进植被自然恢复和生长；在降雨量多、降雨强度大的水力侵蚀地区，通过工程措施为植被的生长创造条件，再通过植被人工恢复重建山地生态系统。强侵蚀地区的生态恢复要根据规划、因地制宜地采取恢复措施。

（2）矿区。采矿活动是短期土地利用形式，在矿山开采前必须明确矿山恢复目标，做出矿山生态恢复计划，预留生态恢复资金。在矿山生态恢复中应考虑地表景观，做好表土管理，控制水土流失，最终进行植被恢复，恢复后还应进行跟踪监测。

（3）农作区。其生态保护技术以蓄水保土、减少水肥流失、提高农作物产量、保护生态环境、使农业生产持续发展为目的。

（4）水源涵养林区。水源涵养林是湖泊环境的重要保护屏障，在生态恢复中应注重群落优化配置技术，通过植被恢复，建立乔、灌、草合理配置的水源涵养林生态复合系统，利用植物根系固结土壤、增强地表水入渗能力、提高土壤持水量，防止山地水土流失，恢复和保持土地肥力。

86. 如何构建湖泊缓冲带？

在规划构建缓冲带时，应根据湖滨带的现状，建立相对稳定的生态系统。

在植物布局方面：从“水—岸—山坡—山顶”规划设计植物，根据植物习性、功能和分布规律，不同地带选用不同的植物和配置方式，体现植物的功能性、生态美和立体层次美。

在水质保持工程方面：加强湖泊人工循环，促进湖湾中水的流动，缩短湖湾换水周期，从而提高湖泊的自净能力，将“死”水带

"活"，防止局部形成死水。如在湖心、湖湾处安放人工复氧装置，增强水体的自净能力；在湖岸设置雨水截流生物净化沟（渗滤沟），使雨水得到净化后再排放入湖内；尽量扩大水流的过流面积，提高其湿地生物净化能力。通过对跌落水池和地形限制，来改变水流方向，增长水流线路，提高生态净化效应；采用山区农民修筑梯田的方式修筑田坎，充分保障垂直方面进行绿化等。

案例：从2004年开始，云南省大理投资1亿多元实施湖滨带生态恢复工程，先后建成一期西区10km、二期西区38km、沙坪湾、西区48km、东区机场路9.7km生态恢复建设工程。随着湖滨沉水植物带、挺水植物带、灌木湿生带和乔木带的建立，洱海沿湖的生态面貌正在逐步改善，生态系统开始走向良性循环，洱海富营养化状况得到了遏制，水质开始好转。

87. 湖泊湿地的主要功能有哪些？

湖泊型湿地与居民的生存、繁衍、发展息息相关，它不仅具有调蓄洪涝、引水灌溉、饮用水水源地、交通运输、发电、水产养殖、景观旅游的功能，还具有污染物沉降、调节气候、维持生态系统平衡、保持生物多样性等特殊功能。

湖泊湿地是天然的过滤器，它有助于减缓水流的速度，当含有毒物和杂质（农药、生活污水和工业排放物）的流水经过时，流速减慢，有利于毒物和杂质的沉淀和排除。在调节气候方面，湿地内丰富的植物群落，能够吸收大量的二氧化碳气体，并放出氧气；湿地中的一些植物还具有吸收空气中有害气体的功能，能有效调节大气组分。此外，湖泊湿地还是众多植物、动物的乐园，维持了复杂的生态系统平衡和生物多样性；同时又向人类提供食物（水产品），是人类赖以生存和持续发展的重要基础。

88. 太湖治理有哪些“招数”？

（1）“河长制”的制度性创造。“河长制”由无锡市在2007年太湖水污染事件后首创，即由各级党政主要负责人担任河长，负责辖区内河流的污染治理。2008年，由江苏省政府领导、省有关部门负责人担任省级层面的河长，河流流经地方政府主要负责同志担任地方层面的河长。之后，15条主要入湖河流全面实行“双河长制”，协同推进小流域综合整治工作，取得明显成效。

（2）铁腕治污的决心。加大控源截污力度、深入展开清淤调水、稳步推进河道整治、扎实开展生态建设，推动经济结构调整和发展方式转变，以产业结构优化升级促进太湖治理成效持续提升。

（3）科学调度，监测预警。在控源截污的基础上，积极实施监测预警、调水引流、生态清淤、蓝藻打捞等治理措施。主要实践经验一是控制增量，主要是减少入湖污染；二是治理存量，有效减少内源污染；三是增加容量，积极改善湖泊的生态环境。

总之，解决太湖问题，必须控制入湖污染，治理内源污染，增加环境容量；更加重要的是不仅要防，也要治，不仅要治，更要管。

89. 水利工程是如何调控湖泊的？

水资源是湖泊资源的核心。通常建设水库、闸坝和人工湖等水利工程，便于水量调度，保证湖泊水源地安全、维持水生态、畅通航道和美化居住环境等。

一般通过水位控制和闸门调度的方式，采取合理利用水资源环境容量及自然净化能力相结合的技术，统筹考虑航运、供水、水资源保护和改善水环境等方面，将优质水源调入湖泊。利用湖泊水动力特性，加快水体有序流动，缩短湖泊换水周期，加强水体的自净能力，降低水体的污染程度，提高水环境的承载能力，使有限的水资源发挥其最大的效益。

案例：由于太湖流域水环境恶化和水质型缺水已成为流域经济社会发展的制约因素，因此，水利部太湖流域管理局提出在流域开展“引江济太”调水试验。通过现有工程体系调引长江水入太湖和流域河网，增加流域水资源量，加快流域水体流动，缩短换水周期，提高水体自净能力，以缓解流域水恶化的趋势。

“引江济太”试验工程通过全年调度从常熟枢纽引长江水25亿m^3，由望亭水利枢纽入太湖10亿m^3，增加向太湖周边地区供水，同时由太浦闸向上海、浙江等下游地区增加供水5亿～7亿m^3，以改善太湖及下游地区水环境。

90. 洱海治理的经验主要有哪些？

“洱海保护治理模式”被环境保护部总结为“循法自然、科学规划、全面控源、行政问责、全民参与”向全国推广。

其经验主要是：

第一，各级领导是否把洱海水污染综合防治摆在重要议事日程，是洱海保护治理能否顺利推进的关键。

第二，目标责任制是洱海保护的创新之举。大理州在洱海保护中坚持经济效益好但排污不达标的项目不建，并实行环保“一票否决”；对财政贡献大，但环境效益不好的项目不引，环保部门的话语权优先。

第三，尊重自然规律，依靠先进科学技术，是洱海治理保护能否成功的重要支撑。大理州尊重自然规律，加强对湖泊富营养化消除机理、湖体氮、磷污染控制、蓝藻生长和暴发规律、水体自然生态修复等关键技术的研发和引进。

第四，试验示范推广应用一条龙，三化运作。加大科技项目的试验、示范、推广应用，先后建成了“数字洱海”信息管理系统、组建了“洱海湖泊研究中心”。以筹资社会化、运行市场化、管理专业化的模式推进洱海保护治理工程建设。

第五，有章可循，依法治海。先后颁布了与《条例》相配套的多项管理制度，制订出台了水污染防治、水政、渔政、航务、流域村镇及入湖河道垃圾径流区农药、化肥使用管理等办法，形成了较为完善的洱海保护治理的法律法规体系。

91. 日本治理琵琶湖有何经验可供我国借鉴？

日本治理琵琶湖的经验主要表现在组织机构、管理体系、政府主导与全民参与的综合管理等方面。也可概括为“四个保水”，即机制保水、科技保水、工程保水和管理保水。

（1）组建保护管理的组织机构。国土交通省设有琵琶湖河川事务所、琵琶湖所在的滋贺县设有滋贺县琵琶湖环境部，以及琵琶湖/

淀川水质保护机构等均负责琵琶湖的保护管理。日本政府还专门设立了县（相当于我国的省）、市、镇、村联络会议制度。

（2）制订完善管理体系。一是制定了《河川法》《琵琶湖综合开发特别措施法》《琵琶湖富营养化防止条例》等一系列完善的法律法规。二是各级政府依据相关法律规定的中央和地方分担的原则各自提供财力，支持琵琶湖的保护和管理，还专门设了琵琶湖管理基金、琵琶湖研究基金等，从多方面筹措琵琶湖保护管理所需资金；在财政政策方面，建立了对水源区综合利益进行补偿的机制。三是加强基础设施建设来控制污染，削减污染负荷；通过白皮书，互联网、琵琶湖博物馆、琵琶湖研究所、滋贺县立大学、水环境科学馆等学习与交流的据点与设施，促进企业团体之间、个人之间形成交流网络。

（3）以流域为单元、政府主导与全民参与的琵琶湖综合管理和技术创新。政府制定了琵琶湖的总体战略规划以及年度实施计划。日本政府将琵琶湖流域分成 7 个小流域，按流域设立流域研究会，每个研究会选出一位协调人，负责组织居民、生产单位等代表参与综合规划的实施。

92. 欧洲国家治理湖泊有何经验？

（1）健全水管理相关政策法令。欧洲水立法先后经历了水质标准阶段、排污限制阶段、综合管理阶段。2000 年颁布的《水框架指令》，规范了 27 个欧盟成员国的水管理，为欧盟各国建立了一个综合水资源管理的框架，提供了基本方法、目标、原则和措施。

（2）实施流域综合管理。《水框架指令》明确指出，水管理必须按照流域或者流域地区划分，并以各流域为基本单元建立主管机构进行综合管理。这种单一主管机构方式的优势在于其清晰的流域管理、问责制和协调作用。单一管理机构并不是要执行全部的水管理的功能。实际上，部门管理在很多方面还保留在有关的中央各部，而其实施由相关的地方政府机构进行。

（3）强化多国合作治理，建立跨界综合治理模式。如康士坦茨湖流域横跨德国、瑞士、奥地利和列支敦士登四国。20 世纪 50 年代以来，湖区生态环境开始恶化。通过成立国际湖泊管理机构，共同制定湖泊管理法律，控制重点面源污染，在多国联合治理的努力下，到 21 世纪初，水质基本恢复到污染前水平。

总之，欧洲各国以流域为单位制定水资源综合规划，注重流域水环境容量与经济发展的相互关系，已成为各国共识。

93. 北美五大湖保护有哪些经验？

在加拿大和美国交界处，有闻名世界的北美五大湖，按大小排列分别为苏必利尔湖、休伦湖、密歇根湖、伊利湖和安大略湖。

五大湖便捷的水运条件和周边丰富的矿藏资源曾铸就了世界汽车制造业之都、钢铁和能源基地，与此同时传统制造业的快速发展严重污染着五大湖的水体水质，五大湖区被形象地称为生锈地带或棕色田野。早在20世纪初，美加两国就开始了合作，在长达一个世纪的合作中，积累了丰富的保护湖泊经验。

制定相关条约、宪章，成立联合委员会。1909年，美加签订了边界水条约，并成立了国际联合委员会；1972年，两国签署了五大湖水质协议；1983年，将水体中磷负荷削减量附加到五大湖水质协议中，并对富营养化问题比较突出的伊利湖和安大略湖制定了削减目标，且成立了五大湖州长委员会，作为协调湖区各州或省之间利益关系的主要机构；1987年，对五大湖水质协议进行第三次修订，着重强调对非点源污染、大气中粉尘污染和地下水污染的治理，并首次提出实行污染排放总量控制的管理措施；2004年，签署了“五大湖宣言”，以恢复和保护五大湖生态系统。

开展有关五大湖区环境问题的学术研究，加强湖区环境监测。环境监测增加为水质、生物、空气、鱼类和岩层五个内容。成立了美国大湖环境研究实验室，研究提出恢复和维持五大湖生态平衡、限定磷排放总量；引入生态学理论，提出在恢复和治理五大湖水环境的过程中还应考虑空气、水、土地、生态系统与人类之间的相互作用关系。

进行科学论证和保障公众参与。美国的环境保护运动是自下而上开展的，针对已经出现的问题，经由民间组织向法院起诉、向议会呼吁、游说，最终通过立法，实现对污染和生态破坏的治理、补偿、监督和控制。因而，环境保护最重要的工具是 NGO 和公众参与以及法治。

第四部分
湖泊管理和公众参与

DISIBUFEN HUPO GUANLI HE
GONGZHONG CANYU

94.《中华人民共和国水法》对湖泊保护是如何规定的？

《中华人民共和国水法》于1988年制定，2002年第二次修订，适用于包括湖泊在内的各种地表水体及地下水体（不包括海洋）的水资源。据统计，法律条文中有“湖泊”两字出现的共计23次，涉及15条。

主要涉及规划、保护、配置、节约和法律责任等方面。比如有关部门在制定水资源开发、利用规划和调度水资源时，应当注意维持江河湖泊的合理流量和合理水位，维护水体的自然净化能力。从事水事活动，应当遵守经批准的规划；因违反规划造成江河和湖泊水域使用功能降低和水体污染的，应当承担治理责任。

禁止在饮用水水源保护区内设置排污口；禁止在江河、湖泊、水库、运河、渠道内弃置、堆放阻碍行洪的物体和种植阻碍行洪的林木及高秆作物；禁止围湖造地，已经围垦的，应当按照国家规定的防洪标准有计划地退地还湖。

95.《中华人民共和国水污染防治法》对湖泊保护是如何规定的？

《中华人民共和国水污染防治法》于1984年制定，1996年第一次修订，2008年第二次修订，其适用于包括湖泊在内的各种地表水体以及地下水体（不包括海洋）的污染防治。

据统计，法律条文中有“湖泊”两字出现的共计18次，涉及12条。

地方政府应当将湖泊水环境保护工作，纳入国民经济和社会发展规划；国家建立健全对位于饮用水水源保护区区域和江河、湖泊、水库上游地区的水环境生态保护补偿机制。

防治水污染应当按流域或者按区域进行统一规划，国家确定的重要湖泊太湖、巢湖、滇池由国家编制规划，并作为其他湖泊水污染防治规划编制的参考依据。

国家对重点水污染物排放实施总量控制制度，省级政府根据需要可增加实施总量控制的污染物，对超总量排放地区新增重点污染物总量的项目暂停审批环评文件。

在湖泊设置排污口的，应当遵守国务院水行政主管部门的规定。禁止在湖泊滩地和岸坡堆放、存贮固体废弃物和其他污染物。

96. 我国湖泊分区控制基本思路是什么？

湖泊的科学分区是湖泊环境保护和富营养化控制的重要内容和基础，分区强调在空间尺度上体现湖泊营养物效应存在的地域差异性，为实现湖泊保护和富营养化控制，按照湖泊营养物生态效应的区域差异性，将全国湖泊分成 8 个不同的营养物生态区，采用基于区域差异分区管理措施。

（1）东北湖区湖泊控制思路：优先采用寒冷条件下运行的点源营养物削减技术工艺，面源污染的削减技术，以及通过工程技术与生物防治技术对湖泊流域水土流失控制和滨岸带生态修复技术。

（2）华北湖区湖泊控制思路：重点采用内源与外源相结合的营养物削减技术，增加水源补给、增强出湖营养物携带能力，控制水土流失与生态修复结合的集成控制技术。实施以工程与管理策略控制湖内与湖外营养盐为主，以产业结构调整、优化产业布局为辅的策略。

（3）云贵湖区湖泊控制思路：采取生物与工程措施相结合的营养物削减策略，同时对一些像抚仙湖、泸沽湖一样的贫营养型湖泊采取划定自然保护区的环境保护策略。

（4）新疆湖区湖泊控制思路：首先考虑发展适应于干燥气候影响和抗盐化的生态工程策略，同时对营养程度低的湖泊采取原生态保护策略。

（5）青藏湖区湖泊控制思路：为以政策法规策略控制为主，结合生态工程，通过采取合理的环境保护策略，如自然保护区的划定，同时提高广大居民的环保意识来维持目前该区湖泊的营养现状。

（6）中东部湖区湖泊控制思路：基于湖泊水环境承载力，以结构减排策略为主，通过产业结构调整，优化产业布局，严格控制入湖的氮磷营养物的总量。恢复流域“清水产流”通道，保证水源涵养区面积，恢复湖滨带生态功能，增强流域整体生态系统的自净能力，实现水生态系统健康状况逐步恢复。

（7）宁蒙湖区湖泊控制思路：采用适应干旱、半干旱区的水土流失防治的工程措施与生物措施以及恢复湖泊生态系统的生态修复技术的集成技术。坚持以生态工程策略为主，结合产业结构调整与技术进步来实现本区富营养化的控制。

（8）东南湖区湖泊控制思路：湖泊富营养化的治理采用内、外源营养盐的综合控制技术。

97. 我国湖泊分期控制的基本思路是什么？

基于分区制定近、中和远期的湖泊流域营养物削减目标，根据各生态分区氮磷污染的成因、沉积过程和营养物内外负荷对营养状态的影响，综合考虑各分区社会经济发展所处的阶段及其营养物排放特征，分析不同时期的社会经济与生态环境需求改变，设计分期湖泊的排入营养物的最低排入水平和总体控制目标。以湖泊水生态级别提升为基本目的，以富营养化控制分级标准为削减量制定的依据，以生态分区为控制单元制定阶段式营养物削减目标，为湖泊水生态状态和水质指标的改善提供科学的近、中和远期规划。

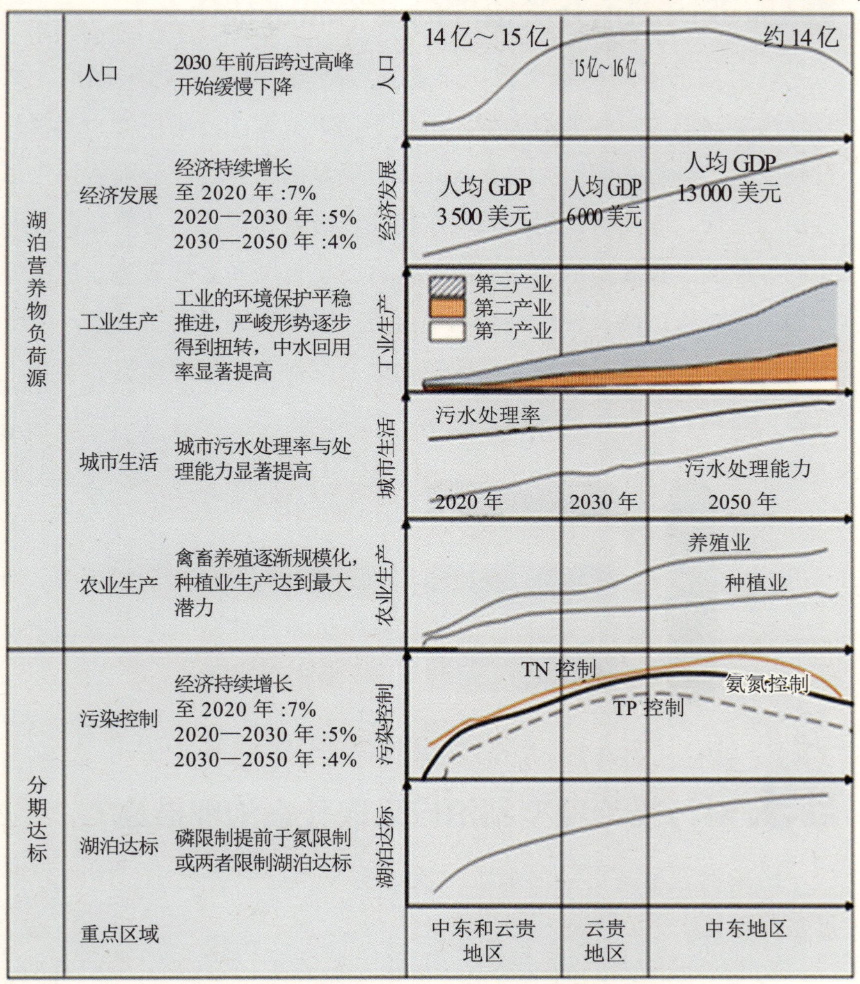

中长期湖泊营养物负荷源和达标方案

98. 我国湖泊分类治理的基本思路是什么？

针对湖泊不同污染现状，即重度污染湖泊、中度污染湖泊、微及轻污染湖泊这三种湖泊类型，由于不同类型湖泊污染程度、流域开发强度、污染物来源、生态系统特征有明显的差异，应分别从强化工程治理污染、改变居民生活方式、转变经济发展模式、调整社会发展布局等层面，实施系统的湖泊流域富营养化控制和管理策略。具体可分为三种对策：微及轻污染湖泊（洱海）采取生态保育型对策，中度污染型（三峡、博斯腾湖）采取防治结合型对策，重污染型（太湖、滇池、巢湖）采取污染治理型对策。

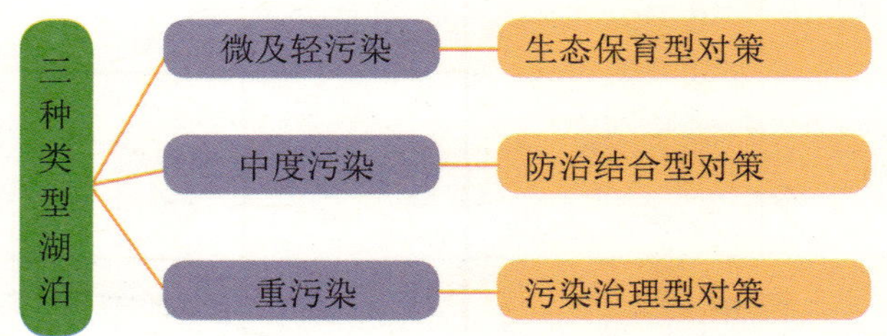

99. 对污染治理型湖泊应采取什么治理措施？

污染治理型是指湖泊水质 V 类或劣 V 类，营养状态呈中度到重度富营养化水平。

污染治理型湖泊的生态安全保障可划分为三个阶段：第一阶段为湖泊流域污染负荷总量控制，以流域的“控源减排”为核心；第二阶段向“水质目标”控制转变，以流域的“减负修复”为核心，减轻流域污染负荷的同时对流域生态进行恢复，为生态系统良性发展创造条件；第三阶段向流域的“风险防范”阶段转变，以“绿色流域”

建设为核心，完善流域的生态系统，提高湖泊流域植被覆盖度及生物多样性水平，增强系统的抗污染冲击能力和自净能力，实现自然生态系统良性循环与人湖和谐发展。

100. 对防治结合型湖泊应采取什么措施？

防治结合型湖泊受到一定程度的污染，湖体水质总体在 III ～ IV 类；湖泊富营养化程度较轻，一般为中营养或轻度富营养化水平，局部有水华发生；生态系统结构不合理，生物多样性受到一定程度的威胁；流域社会经济发展的冲动较大，对流域生态系统产生直接干扰，生态服务功能受到削弱；饮用水水源地水质基本达标，但仍存在一定的隐患。

防治结合型湖泊生态安全保障采取的核心措施为“水质目标”控制。这类湖泊的生态安全保障策略可划分为两个阶段：第一阶段为“减负修复”阶段，针对流域生态环境存在问题进行修复；第二阶段为“绿色流域”建设阶段，通过湖滨带、湖泊湿地等修复和建设，增强湖泊自净能力，实现流域健康良性发展。防治结合型湖泊的生态安全保障，还应及早优化流域经济发展模式和流域土地规划，以保障区域生态安全、流域经济社会协调发展以及湿地生态系统的健康。

101. 对生态保育型湖泊应采取什么措施？

生态保育型湖泊是指受污染程度较轻，总体水质尚好，一般好于III类水质；湖泊整体营养程度较低，大多处于贫 - 中营养状态，无显著水华发生；生态系统结构比较完整，生物类型丰富，生态服务功能稳定；流域产生的污染负荷在环境承载力范围内，对湖泊的生态环境造成威胁不显著。

生态保育型湖泊要尽快建立流域生态安全保障的“风险防范”机制。该类型湖泊保护主要以“水生态环境保护”为核心，在进一步消除流域内现有或潜在污染源，保障湖泊水质的同时，应科学规划流域发展，建立流域生态安全保障的“风险管理”体系，坚持保护优先和自然恢复为主，避免该类湖泊走“先污染后治理”的老路，着重进行流域生态建设和生物多样性保护，通过退田还湖、退田还湿地，取缔投饵网箱养殖等，增强湖泊的自然修复的能力，为湖泊流域生态安全留下充足的空间。

102. 如何理解“让湖泊休养生息”？

休养生息，原指在战争或社会大动荡之后，减轻人民负担，安定生活，恢复元气。湖泊休养生息，则是要摒弃人们不合理的开发方式，逐步恢复水量，改善水质，恢复和重建健康的湖泊生态系统。这不仅是生态伦理方面的要求，也是人类社会可持续发展的内在要求。

2008 年初，胡锦涛总书记在视察淮河时，从生态文明建设的战略高度，提出让江河湖泊休养生息的战略，使休养生息成为我国水环境综合治理的指导思想。2009 年 11 月 1—5 日环境保护部周生贤部长在第十三届世界湖泊大会上指出，让江河湖泊休养生息是人类文明发展进步的基础所系，是我国历史上安邦兴国成功经验的理性升华，是尊重自然规律的重要体现，是国内外水环境治理经验教训的有益借鉴，其实质是坚持以人为本，遵循自然规律，以水环境容量和承载力为基础，统筹环境与经济关系，积极主动给江河湖泊以人文关怀，采取综合手段，提高水环境的生态服务功能，促进经济社会又好又快发展和人的全面发展。

休养生息的主要对策包括严格环境准入、淘汰落后产能、全面防治污染、综合运用水资源调度与水生态修复等多种手段、鼓励公众参与等。

103. 如何理解“给湖泊以人文关怀”？

人文关怀大意是指对人类生存状况的关注，对人的尊严和符合人性生活条件的肯定，对人的地位、发展与自由的尊重。给湖泊以人文关怀，可以理解为对湖泊的生存、健康状态、发展变化趋势、环境质量、生态系统结构和功能等方面的关注和重视。像关怀人类自身一样关怀湖泊，关怀湖泊就是人文关怀的一部分。湖泊环境的恶化将会导致人民群众健康受损，而保护湖泊就是在善待人类自身。

给湖泊以人文关怀，要从思想观念上，由人是主体有价值，自然不是主体没有价值，向人是主体有价值，自然也是主体也有价值转变；由传统的“向自然宣战”、“征服自然”，向“人与自然和谐共处”转变；由传统利润最大化的经济发展动力，向福利最大化的生态经济全新要求转变。

在实践上，要求妥善处理经济发展与环境保护之间的关系，坚持在发展中保护、在保护中发展，以环境保护优化经济发展，综合运用水资源调配、水污染防治和水生态修复等手段，不断恢复湖泊生态系统健康，促进湖泊生态系统与人类社会共同持续发展、协调发展。

104.《水功能区划分标准》(GB/T 50594—2010) 包括哪些内容？

《水功能区划分标准》（GB/T 50594—2010）适用于中华人民共和国境内江河、湖泊、水库、运河、渠道等地表水体的水功能区划分。

水功能区是指为满足水资源合理开发和有效保护的需求，根据水资源的自然条件、功能要求、开发利用现状，按照流域综合规划、水资源保护规划和经济社会发展要求，在相应水域按其主导功能划定并执行相应质量标准的特定区域。

水功能区分为水功能一级区和水功能二级区：

水功能一级区分为：保护区、缓冲区、开发利用区和保留区四类。

水功能二级区在水功能一级区划定的开发利用区中划分，分为：饮用水水源区、工业用水区、农业用水区、渔业用水区、景观娱乐用水区、过渡区和排污控制区七类。

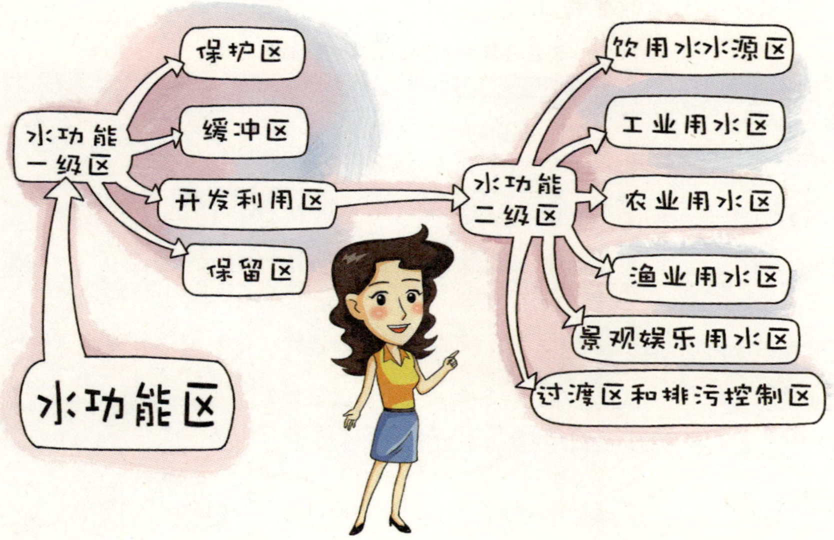

2003年，水利部发布了《水功能区管理办法》（水资源[2003]233号）。2010年5月，国务院批复了《太湖流域水功能区划》（国函[2010]39号）。2011年12月，国务院批复了《全国重要江河湖泊水功能区划（2011—2030年）》（国函[2011]167号）。

该区划共涉及河流1 027条，涉及总河长17.8万km，湖泊总面积4.33万km^2，共计4 493个水功能区。

105. 与湖泊有关的国家和行业水环境标准有哪些？

我国环境标准分为国家标准、行业标准和地方标准三级。湖泊作为地表水水体，也应该按照有关的水环境标准进行监测。与湖泊有关的水环境国家标准和行业标准见下表。

与湖泊有关的部分水环境标准

标准类型	标准名称
水环境质量标准	1.《地表水环境质量标准》（GB 3838—2002） 2.《渔业水质标准》（GB 11607—1989）
水污染物排放标准	《污水综合排放标准》（GB 8978—1996）
环境基础标准	1.《水质　词汇》（HJ 596.1—HJ 596.7—2010） 2.《饮用水水源保护区标志技术要求》（HJ/T 433—2008）
监测分析方法标准	1.《水质　湖泊和水库采样技术指导》(GB/T 14581—1993) 2.《水环境监测规范》（SL 219—2013） 3.《地表水资源质量评价技术规程》（SL 395—2007） 4.《地表水和污水监测技术规范》（HJ/T 91—2002）
环境标准样品标准	1.《土壤成分分析标准物质—湖积物》（GBW 07423） 2.《水质　磷酸盐（以 P 计）》（GSBZ 50028—1994）

106. 地方标准中涉及湖泊的有哪些？

地方标准中涉及湖泊的主要是地表水功能区方面的标准，见下表。

标准号	标准名称	省市
DB 11/T 248—2004	水质数据库表结构	北京市
DB 22/388—2004	吉林省地表水功能区	吉林省
DB 23/T 740—2003	黑龙江省地表水功能区标准	黑龙江省
DB 34/T 732—2007	安徽省地表水功能区	安徽省

107. 湖泊水环境质量主要标准限值有哪些？

《地表水环境质量标准》（GB 3838—2002）分为：地表水环境

质量标准基本项目、集中式生活饮用水地表水源地补充项目和集中式生活饮用水地表水源地特定项目。该标准基本项目适用于全国江河、湖泊、运河、渠道、水库等具有使用功能的地表水水域。

GB 3838—2002 基本项目主要标准限值

单位：mg/L

序号	项 目	水 质 类 别				
		I	II	III	IV	V
1	pH（无量纲）	6～9				
2	DO （≥）	饱和率 90%（或 7.5）	6	5	3	2
3	COD_{Cr}	15	15	20	30	40
4	BOD_5	3	3	4	6	10
5	氨氮（NH_3-N）	0.15	0.5	1.0	1.5	2.0
6	总磷（湖、库，以 P 计）	0.01	0.025	0.05	0.1	0.2
7	总氮（湖、库，以 N 计）	0.2	0.5	1.0	1.5	2.0
8	粪大肠菌群 / （个 /L）	200	2 000	10 000	20 000	40 000

上表中，COD_{Cr} 是采用重铬酸钾（$K_2Cr_2O_7$）作为氧化剂测定出的化学需氧量，是一个重要的而且能较快测定的有机物污染参数；BOD 表示水中有机物等需氧污染物质含量的一个综合指示，说明水中有机物由于微生物的生化作用进行氧化分解，使之无机化或气体化时所消耗水中溶解氧的总数量； DO 即溶解于水中的分子态氧，称为溶解氧，用每升水里氧气的毫克数表示，是衡量水体自净能力的一个指标。

其中，湖泊和河流的总磷标准限值有所不同，总氮仅对湖泊而言；其余指标均适用于湖泊和河流。

河流与湖泊总氮、总磷标准值比较

单位：mg/L

指标		I	II	III	IV	V
总氮	湖泊	0.2	0.5	1.0	1.5	2.0
总磷	河流	0.02	0.1	0.2	0.3	0.4
	湖泊	0.01	0.025	0.05	0.1	0.2

108. 湖泊富营养化防治技术政策包括哪些内容？

2004 年国家环境保护总局颁布了《湖泊富营养化防治技术政策》（环发 [2004]59 号），并于同年 4 月 5 日起施行。该政策适用于我国境内所有的湖泊、水库及其流域地区。主要内容包括：

总则和控制目标、湖泊富营养化防治方案制定、点源排放污染防治、面源排放污染防治、内源排放污染防治、湖泊及流域生态恢复、对水质现状较好的湖泊的保护措施、湖泊环境管理措施。

湖泊富营养化的治理十分棘手，国内外根据湖泊的具体地理特性、污染状况及投资效益采取了不同的措施，可以归纳为：

（1）控制外源性营养物质，外部营养物质一般以点源和非点源的方式输入湖泊，控制湖泊的外源污染措施分为控制点源营养物质和控制面源营养物质。

（2）控制内源性营养物质，湖泊的内营养源是指污染的底泥、湖内养殖、旅游及船舶造成的污染。控制内源性营养物质负荷通常是指控制底泥中富集的磷向水体的释放，以及减少水体中含氮、磷的浓度。

（3）湖泊流域生态系统的恢复，即恢复湖泊及其周边区域的生态系统，保证湖泊处于健康的生态循环状态。包括湖泊水体植被的恢复，湖滨带生态系统的恢复，湖泊流域陆地生态系统的恢复。

109. 如何分级和评价湖泊营养状态？

湖泊（水库）富营养化状况评价方法是综合营养状态指数法，评价指标有：叶绿素 a（Chla）、总磷（TP）、总氮（TN）、透明度（SD）、高锰酸盐指数（COD_{Mn}）

采用 0 ～ 100 的一系列连续数字对湖泊（水库）营养状态进行分级：

综合营养状态指数（TLI（∑））	湖泊营养状态
TLI（∑）＜30	贫营养
30≤TLI（∑）≤50	中营养
TLI（∑）＞50	富营养
50＜TLI（∑）≤60	轻度富营养
60＜TLI（∑）≤70	中度富营养
TLI（∑）＞70	重度富营养

注：中国环境监测总站《湖泊（水库）富营养化评价方法及分级技术规定》（总站生字 [2001]090 号）。

在同一营养状态下，指数值越高，其营养程度越重。

110.《河湖生态需水评估导则（试行）》（SL/Z 479—2010）主要内容有哪些？

《河湖生态需水评估导则（试行）》（SL/Z 479—2010）是水利行业标准化指导性技术文件。导则共 7 章 27 节 121 条，规定了河湖生态需水相关的定义、适用范围、资料收集、评估方法和技术要求；主要内容有河流、湖泊、河口和沼泽的生态需水评估。导则对于加强水资源保护和管理、维护河流健康、促进水生态系统保护和修复具有重要应用价值。

111. 国家管理和保护湖泊的职能部门主要有哪些？

湖泊的管理和保护涉及诸多方面的事务，如水污染防治、水资源调度、退田还湖等。

目前我国涉及湖泊管理和保护的部门较多。

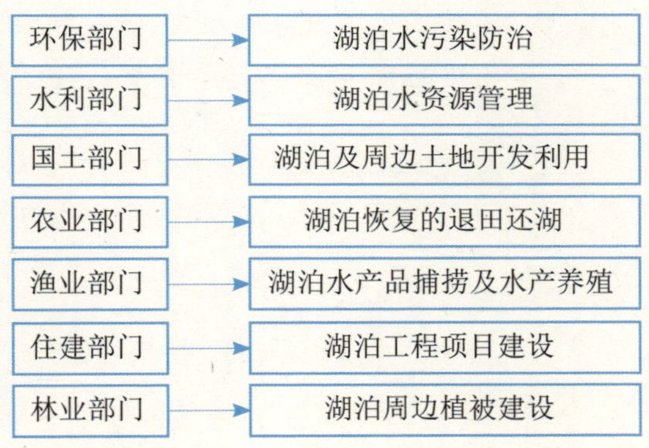

根据湖泊的属性，应建立湖泊的综合管理模式，成立一个专门的湖泊管理机构，集各部门职能于一身，方便和有效地解决各部门之间工作的协调。2010 年，辽宁省为治理辽河而成立了辽河保护区管理局，原省水利厅、环境保护厅、国土资源厅、交通厅、农委、林业厅、海洋与渔业厅等部门承担的关于辽河保护区的相应职能均划归辽河保护区管理局，使辽河治理和保护工作由以往的多龙治水、分段管理、条块分割向统筹规划、集中治理、全面保护转变。辽河管理方式的改革创新对湖泊管理和保护工作也具有重要的借鉴意义。

112. 国务院发布的与湖泊相关的法规和法规性文件主要有哪些？

法 规	法规性文件
《中华人民共和国渔业法实施细则》	《国务院关于印发全国生态环境保护纲要的通知》（国发 [2000]38 号）
《中华人民共和国防汛条例》	《国务院办公厅转发水利部关于加强太湖流域 2001—2010 年防洪建设若干意见的通知》（国办发 [2001]89 号）
《中华人民共和国河道管理条例》	《国务院关于印发我国水生生物资源养护行动纲要的通知》（国发 [2006]9 号）
《中华人民共和国水污染防治法实施细则》	《国务院办公厅转发环保总局等部门关于加强重点湖泊水环境保护工作意见的通知》（国办发 [2008]4 号）
《中华人民共和国水文条例》	《国务院关于印发全国主体功能区规划的通知》（国发 [2010]46 号）
《中华人民共和国自然保护区条例》	《国务院关于印发国家环境保护“十二五”规划的通知》（国发 [2011]42 号）
《中华人民共和国水土保持法实施条例》	《中共中央、国务院关于加快水利改革发展的决定》（中共中央、国务院中发 [2011]1 号）
《太湖流域管理条例》	《国务院关于加强环境保护重点工作的意见》（国发 [2011]35 号）
《中华人民共和国水路运输管理条例》	《国务院关于实行最严格水资源管理制度的意见》（国发 [2012]3 号）
《蓄滞洪区运用补偿暂行办法》	
《水产资源繁殖保护条例》	

113. 湖泊水污染防治规划中的约束性指标有哪些？

目前，我国湖泊水污染防治规划中的约束性指标通常包括两类：一是污染物排放总量控制指标；二是水质指标。

以总量控制指标反映水污染防治的过程，以水质指标反映水污染防治的结果，要求实施规划的责任主体必须同时完成这两项指标的要求。

按照国务院批复的《重点流域水污染防治规划（2011—2015 年）》（国函 [2012]32 号）要求，太湖、巢湖、滇池总量控制指标包括化学需氧量、氨氮、总磷、总氮四项，水质指标为《地表水环境质量标准》（GB 3838—2002）表 1 中除水温、粪大肠菌群以外的 22 项指标。

114.《全国重要江河湖泊水功能区划（2011—2030）》包括哪些主要内容？

2011 年 12 月 28 日，国务院批复了《全国重要江河湖泊水功能区划（2011—2030）》（国函 [2011]167 号，以下简称《区划》）；《区划》共涉及河流 1 027 条，约占全国 1 000km² 以上河流总数的 2/3；采用两级水功能区划体系，涉及总河长 17.8 万 km，湖泊总面积 4.33 万 km²，共 4 493 个水功能区。

（1）一级区划。在宏观上调整水资源开发利用与保护关系，协调地区间用水关系，划分为 4 类。

	保护区	保留区	开发利用区	缓冲区
定义	对水资源保护、自然生态系统及珍稀濒危物种保护具有重要意义的水域	目前水资源开发利用程度不高、为今后水资源可持续利用而保留的水域	满足工农业生产、城镇生活、渔业、娱乐等功能需求的水域	协调省际间、用水矛盾突出地区间用水关系的水域
水质目标	Ⅰ～Ⅱ类或维持现状水质	Ⅰ～Ⅲ类或维持现状水质	在二级区划中确定	根据实际需要确定或维持现状水质
数量	618 个	679 个		458 个
河长	3.69 万 km	5.57 万 km		1.36 万 km
湖泊面积	3.34 万 km²	0.27 万 km²		0.05 万 km²

（2）二级区划。在一级区划的开发利用区内，细化水域使用功能类型及功能排序，协调不同用水行业间关系，划分为饮用水水源区、工业用水区、农业用水区、渔业用水区、景观娱乐用水区、过渡区、排污控制区 7 类二级水功能区，水质目标根据有关标准确定。

115. 目前，国家与湖泊保护相关的规划有哪些？

（1）《全国主体功能区规划》（国发 [2010]46 号）对太湖、洞庭湖等地区的发展和保护策略提出了指导；提出湖泊、水库上游集水区，距离湖岸线一定范围的区域，应确定为限制开发或禁止开发区域；并确定了河北衡水湖等 17 个国家级自然保护区。

（2）《全国城市饮用水水源地环境保护规划（2008—2020 年）》，对全国 697 个湖泊型水源地的水质特征及变化趋势和主要问题进行了分析，提出了保护区隔离防护等 8 项任务和水源地保护目标。

（3）《国家环境保护“十二五”规划》（国发 [2011]42 号）提出将鄱阳湖等作为保障和提升水生态安全的重点地区，加强湖北省长湖等综合治理，加强高原湖泊保护等要求。

（4）自“九五”以来的重点流域水污染防治规划，主要涉及太湖、巢湖、滇池等湖泊。其中，《重点流域水污染防治规划（2011—2015 年）》（国函 [2012]32 号）对巢湖和滇池建立了流域—控制区—控制单元三级分区体系。此外，太湖流域水污染防治规划纳入《太湖流域水环境综合治理总体方案》（国函 [2008]45 号）。

此外，财政部、环境保护部已出台《湖泊生态环境保护试点管理办法》（财建 [2011]464 号），环保部已通过《良好湖泊生态环境保护规划（2011—2020 年）》。

116. 湖泊清水产流机制的核心是什么？

产流是陆地水文学的一个概念，所谓产流就是降水变成径流，由于涉及流域不同下垫面、植被及地下水，水文学领域的很多模型都是研究产流机制和模拟产流过程的。

湖泊清水产流机制是指湖泊流域产生清水的通道或空间范围，包括清水产流区和清水输送区等区域范围。最外围是清水产流区，即涵养林地，涵养水源，防止水土流失；其次是清水输送区，包括湖滨缓冲带和湖荡湿地等区域。

要实行水污染治理、富营养化控制及湖泊管理从水质向生态的转变，就要真正重视涵养水源，重视湖荡、湿地和塘坝等保护工作；推行并落实流域清水产流机制修复这一湖泊水污染防治新理念；通过污染源系统控制、清水产流机制修复以及流域综合管理等措施建设绿色流域，推动实施产业结构调整和低污染水治理系统建设等工作。

117. 什么是生态补偿？我国湖泊这方面进展如何？

生态补偿机制是以保护生态环境、促进人与自然和谐发展为目的，调整与生态环境保护和建设相关的各方利益关系的一系列行政、法律、市场等手段的总和。

目前，建立生态补偿机制，已经从社会呼吁、科学研究阶段发展到政府操作、试点实施阶段。我国生态补偿在有的方面已取得了一些进展，收到了明显的效果。最典型的生态补偿措施就是退耕还林过程中对耕地农户的经济补偿。

一些地区开始探索生态补偿机制，如浙江省2005年出台《关于进一步完善生态补偿机制的若干意见》、2006年出台《钱塘江源头地区生态环境保护省级财政专项补助暂行办法》，2008年出台《浙江省生态环保财力转移支付试行办法》；江苏省于2008年开始实施《江苏省太湖流域环境资源区域补偿试点方案》。2007年，原国家环境保护总局发布了《关于开展生态补偿试点工作的指导意见》（环发[2007]130号）。

2011年11月，财政部、环保部等在新安江流域正式启动了全国首个跨省流域生态补偿机制试点工作，由中央财政3亿元和安徽、浙江两省各1亿元共同设立总额为5亿元的新安江流域水环境补偿基金。若安徽水质优于基本标准，浙江补偿安徽，否则相反。2012年在新安江流域正式实施。

118. 国家重要湿地名录中涉及湖泊的有哪些？

我国湿地面积约6 594万hm^2（其中还不包括江河、池塘等），占世界湿地的10%，位居亚洲第一位，世界第四位。其中天然湿地约为2 594万hm^2，包括沼泽约1 197万hm^2，天然湖泊约910万hm^2，潮间带滩涂约217万hm^2，浅海水域270万hm^2；人工湿地约4 000万hm^2，包括水库水面约200万hm^2，稻田约3 800万hm^2。

国家重要湿地名录中共有湿地173处，国家重要湿地名录中涉及的湖泊45处（不含港澳台地区）（下表）。

区域	湖泊
东北地区	镜泊湖、兴凯湖和小兴凯湖、松花湖、查干湖
华北地区	密云水库、白洋淀、衡水湖、青铜峡水库、南四湖、北五湖
华中地区	宿鸭湖、洪泽湖、高邮湖、金山三岛、太湖、石臼湖、巢湖、升金湖、网湖、洪湖、梁子湖、洞庭湖、鄱阳湖、千岛湖
西南地区	滇池、抚仙湖、异龙湖、洱海、程海、泸沽湖
内蒙古地区	乌梁素海、岱海、查干诺尔、达里诺尔、呼伦湖
西北地区	阿牙克库木湖、博斯腾湖、巴里坤湖、赛里木湖、艾比湖、玛纳斯湖、吉力湖
青藏地区	青海湖、茶卡盐湖、冬给措纳湖、鄂陵湖、扎陵湖、多尔改错、卓乃湖、库赛湖、哈拉湖、托素湖、克鲁克湖、苏干湖、尕斯库勒湖、美马错、大加错、拉昂错、班公错、纳木错

119. 全国重要饮用水水源地名录中涉及湖泊的有多少个？

根据水利部《关于公布全国重要饮用水水源地名录的通知》（水资源函 [2011]109 号），全国重要饮用水水源地共 118 处，涉及湖泊的有 2 处，分别是太湖（太湖贡湖水源地，供水城市为江苏省无锡市）和洱海（洱海水源地，供水城市为云南省大理州）。

120. 为什么要发布《良好湖泊生态环境保护规划》？

2013 年 5 月，环境保护部常务会议审议并原则通过《良好湖泊生态环境保护规划（2011—2020 年）》。良好湖泊目前是水质好于Ⅲ类，具有重要饮用水水源功能，或具有重要生态功能的湖泊。但水质未达到Ⅲ类的湖泊，如果地方政府有意愿将湖泊水质达到Ⅲ类作为目标，那么这些湖泊也可纳入规划范围。

中国“三湖”（太湖、巢湖和滇池）治理已取得不错成效，但水质良好湖泊一直没有得到国家政策或资金支持，一旦污染，再恢复治理将很难，“先污染后治理”的代价非常高昂。目前一些良好湖泊正面临着入湖污染负荷逐年增加、面积萎缩和生态退化等威胁。《规划》敲定了调查和评估湖泊生态安全状况、调整湖泊流域产业结构与布局、加强湖泊流域污染防治、开展湖泊流域生态保育、合理利用湖泊流域水土资源、提高湖泊环境监管能力建设等主要任务，建立湖泊保护的长效机制，形成了完整的、覆盖全局的湖泊生态环境保护规划体系。

121. 湖泊水生态系统保护与修复试点城市有哪些？

从2005年起，水利部先后确定了江苏无锡市、湖北武汉市、广西桂林市、山东莱州市、浙江丽水市、辽宁新宾县、湖南凤凰县、吉林松原市、河北邢台市、陕西西安市等10个城市作为全国水生态系统保护和修复试点。通过试点，探索和总结水生态系统保护与修复的工作经验，为全国水生态系统保护与修复工作的全面开展提供技术上、管理上、制度建设、体制建设和资金渠道拓展等方面的有益经验。

2009年，武汉市水生态系统保护与修复试点工作通过水利部和湖北省人民政府联合进行的验收，这是首个通过验收的试点城市。2010年，安徽合肥市、黑龙江哈尔滨市成为全国第11个、第12个水生态系统保护与修复试点市。

122. 我国重点湖泊生态安全状况如何？

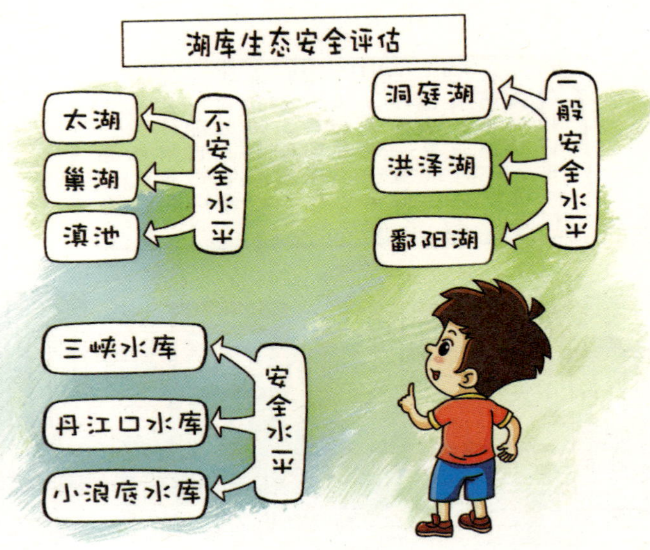

2007—2009 年，环境保护部牵头，会同地方政府、国家发改委、水利部共同组成领导小组，组织全国 40 多家单位组成项目组，选择对我国水环境安全和社会经济发展有决定性作用的九大湖库（包括我国的 5 大淡水湖泊：太湖、巢湖、洞庭湖、鄱阳湖和洪泽湖、污染严重的滇池和 3 大水库：三峡水库、丹江口水库和小浪底水库），开展了全国重点湖泊水库生态安全调查与评估工作。

本项目首次提出了适用于我国湖泊水库特点的生态安全理念，从最为基础的数据收集和现场生态安全调查入手，以水华暴发和水源地水质安全为核心，兼顾流域人类活动和水生态健康等方面，以流域社会经济发展模式和产业结构与湖泊水库生态安全间的响应关系为主线，建立了“4+1”的湖泊生态安全评估方法和技术体系，即在湖泊生态健康、生态服务功能、流域人类活动影响、生态灾变等评估的基础上，进行生态安全综合评估。

2008 年，太湖、巢湖和滇池为不安全水平，其中太湖和滇池接近很不安全水平；洞庭湖、鄱阳湖和洪泽湖为一般安全水平，已经接近不安全水平，而三峡水库、丹江口水库和小浪底水库为安全水平。

123. 与水相关的重要纪念日有哪些？

纪念日	日期	纪念日	日期
世界湿地日	2 月 2 日	水周	3 月 22—28 日
国际气象节	2 月 10 日	世界气象日	3 月 23 日
保护母亲河日	3 月 9 日	世界地球日	4 月 22 日
植树节	3 月 12 日	旅游日	5 月 19 日
世界森林日	3 月 21 日	国际生物多样性日	5 月 22 日
世界水日	3 月 22 日	世界环境日	6 月 5 日

124. 有湖泊博物馆吗？

自古以来，湖泊以其丰富的水资源和生物资源，吸引人类逐水而居，在湖泊周边从事生产生活，留下了数不清的年代久远的文物。

国外湖泊博物馆有日本的琵琶湖展览馆、俄罗斯的贝加尔湖民俗博物馆等；国内有洪泽湖博物馆、洞庭湖博物馆、微山湖展览馆、野鸭湖湿地博物馆、千岛湖狮城博物馆等，此外，不少湖泊湿地均建设了湿地博物馆。

湖泊博物馆的主要功能涵盖展览、科普教育、休闲娱乐等。展出内容一般有地质演变、神话传说、文明发展、环境资源、水生生物、水旱灾害、水利建设、生态保护、民间工艺以及渔业农耕文物等。展出形式多为实物和多媒体信息。湖泊博物馆馆址多选在湿地公园等开放式场所，多兼具人工湿地功能。

案例：洪泽湖博物馆是我国第一家湖泊博物馆，位于江苏淮安市洪泽县文化中心4楼，于2005年12月30日正式对外开放。博物馆共有五个展厅和一个机动展厅，第二、第三展厅之间是室外互动区。

125. 外出旅游如何保护湖泊？

旅游是促进相互了解和各地文化、科学技术交流的重要形式，也是重要的收入特别是外汇收入的来源，故称为无烟工业。但旅游活动和旅游设施的大规模发展，会因管理的不健全造成严重污染和破坏景观，如饮食用包装纸、盒、瓶的充斥、旅游者遗弃物品难以处置等。此类污染又会妨碍旅游的长期受益。旅游业的发展所产生的，或是旅游地不合理的开发建设所造成的旅游公害（后者又可区分为旅游开发本身和非旅游开发建设造成的），统称为建设性污染。

旅游者人数超出旅游区地域容量或游客无环保意识，加上管理不善，导致区内花木、建筑受到损坏。游客应从自身做起，尽量减少垃圾丢弃、少乘坐油艇并保护当地珍稀生物，积极反映旅游区环境保护问题，共同营造湖泊生态环境。

游客应从自身做起，尽量减少垃圾丢弃、少乘坐油艇并保护当地珍稀生物，积极反映旅游区环境保护问题，共同营造湖泊生态环境

126. 湖区居民如何参与湖泊保护？

充足、洁净的淡水资源是确保人类健康、食品安全、推进工业化和实现社会繁荣的前提。湖泊在全球淡水资源中具有特殊的重要意义，其水资源量占地表液态淡水资源的90%以上。湖泊保护最重要的是水质安全、湖滨湿地开发和生物多样性保护三个方面。湖区居民长期生活在湖泊周围，与其保护有切身利益。

日常生活中，应自觉遵守湖泊保护有关法律法规，认真参与政府宣传普及活动，工作中严格按照国家和行业标准规定生产，不偷排漏排，敢于向违法排污说“不”；建立良好的消费习惯，减少垃圾丢弃、避免沿湖造房以及杜绝偷猎，积极宣传生态保护的意义，配合已建立保护区的正常工作；经济上，可根据当地特色建设生态旅游及相应文化产业链；可参与到民间保护行动中，作为家乡主人翁，结合个人专长建设家乡、保护家乡，如鄱湖人家网站、滇池卫士张正祥等。

127. 公众可从哪里获得湖泊方面的信息？

涉及湖泊的关键词除湖泊本身外，还有水资源、水环境、湿地保护、网箱养殖、围湖造田、富营养化和蓝藻等。公众可通过与湖泊相关的政府机构、图书年鉴以及互联网站等了解相关信息。

政府部门中，主要是环保、水利、渔业和林业等系统的官方网站和年度公报；学术方面，近几年来，湖泊科学研究成果丰富，相关湖泊出版物层出不穷，题目中带“湖”字的也有很多，如专著《洞庭湖》、期刊《湖泊科学》等；互联网站内容丰富，尤其是近年来湖泊各方面的动态，如我国知网、湖泊科普网等。

128. 湖泊保护方面的网站主要有哪些？

根据信息类型，把湖泊保护方面的网站分为科普性的综合网站、地方网站，学术网站等。

科普性网站的信息量一般较大，描述详细，记录全面。其中综合性网站立足湖泊，着眼全国，如湖泊科普网、中国湖泊馆、湿地中国等。

地方网站则多单个湖泊介绍，专于环境保护或旅游推广等，如国家林业局湿地保护中心整合长江湿地网络、鄱湖人家、沉湖湿地等建立湿地网站保护集群，月亮湖风景区等。

学术网站为科研活动交流提供了专业研究的前沿研究成果，如湖泊科学等。

另外，值得注意的是，由于互联网本身特点，像我国生命湖泊网（CLLN）、我国湖泊网等网站信息维护差、内容缺失。